商店叢書⑤⑧

U0070328

商鋪業績提升技巧

江應龍　黃憲仁　李平貴/編著

憲業企管顧問有限公司　　發行

《商鋪業績提升技巧》

序　言

　　開設商店是創業經營的開始，很多世界著名的企業家和富豪們都是從經營店鋪起步的，例如零售業鉅子沃爾瑪公司的山姆・沃爾頓，亞洲首富李嘉誠年輕的時候也是在店裏當夥計，從事販賣工作，這些人從店鋪經營中獲得成功後，自此踏上了創業發家的歷程。

　　購買管道的多元化、日漸精明的消費者、人力成本、資金成本、進貨成本等壓力，要求零售業者不得不精細化經營。許多店鋪經營者大吐苦水，感嘆市場競爭激烈，生意難做，在今天的競爭環境中，要想成功地經營好一家店鋪確非易事，各方面的工作要做到位，各個環節都不能出錯。

　　零售業態飛速發展，而零售業的管理水準卻跟不上發展，水準參差不齊，沒有零售系統的概念，零售業僅憑經驗在做事。

　　商店以往採取「靜態經營」，坐等客戶上門的經營方式，已經不適合現今的社會，商店必須「起而行」「促銷」才能成功；零售

業專家都可證明，強有力的經營革新、促銷活動，已成爲零售業克敵制勝的法寶。

　　商店經營的成功，店長的經營管理，實居於關鍵地位，店長不僅要懂得商店的管理，更要懂得商店的經營與促銷，作者在出版《**店長操作手冊**》一書後，內容實務，受到零售業者喜愛，連續再版 18 次，此書《**商鋪業績提升技巧**》是針對零售商如何提升業績的必備工具書，指出店鋪的成功秘訣，書中的具體方式與操作步驟，會啟發你的經營方式，對照學習，一定會讓零售績效倍增！

　　希望經營者、店長閱讀本書後，對商店經營技巧，有所領悟，靈活運用，並在商場經營中獲得可觀的利益。

2014 年 2 月於臺灣日月潭

《商鋪業績提升技巧》

目　錄

1

評估商店業績的指標

```
業 績 提 升 技 巧
```

　　如何提高業績，多從技巧、態度和能力等方面，通過
分析這些影響業績的數據指標，可找到提高業績辦法。

1. 銷售額

　　一個商店業績做得好不好，銷售額是第一個指標，銷售額和利潤不是對等的，即不是銷售額越高利潤就越高。銷售額到底能反映出什麼問題？

　　銷售額能反映出的第一個問題就是生意的走勢。商品在開始上市的幾個月中，都非常想瞭解商品的走勢呈現什麼狀況，然後才可以決定怎麼樣處理貨品。假如走勢是一會兒高一會兒低，或者直線往下降，就要分析原因，是促銷做得不夠，是推廣活動做得不夠，還是別人都在打折而我們沒有打折。鑑於此，需要對銷售額有一個清晰的瞭解，做到每天跟進、每週總結、及時調整。

　　第二個問題是怎麼樣為員工訂立目標，激勵、鼓勵員工衝上更高的銷售額。沒有目標的員工就沒有成功感，目標本身是為了達成公司的要求，因為公司在經營過程中要盈利，員工要做的事情就是，為公司在這個過程中創造更多的盈利價值，同時讓自己獲得更高的收入，

表現出自己創造財富的能力。所以訂立目標是非常重要的。

2.分類貨品銷售額

商店裏面的商品會分為大類和小類。服裝來說，大類指的是男裝、女裝、配件、鞋和包。小類是指上裝、下裝，如毛衫、夾克、T恤等。對分類貨品銷售額的分析非常重要，因為在一個商店裏面，不可能每件衣服的銷售情況都是一樣的，有些時候可能 10 件小裝配，2 件下裝銷售最好，可能 1 條裙子搭 2 件外套的銷售是最佳狀態。所以，分類貨品銷售額這個指標，能找到在商店什麼類別的商品對銷售業績有影響。

想瞭解這個商店的業績，想知道為什麼今年跟去年，或是跟前年同期相比銷售一直在下滑，首先要分析商品組合是不是合理。不同面積的商店，商品的組合度不同。比如像 300 平方米左右的大店，商品組合的系列感越強、色感越強，就是色系越全，銷售業績也就越好。大店有一個優勢，不僅有好的環境、有更多休息的地方，更重要的是，貨品較多，客人可以有更多的選擇，所以客人停留的時間長。停留時間長是件好事，但是停留時間長而連帶銷售率很低就是壞事。如果在商品的組合上能讓客人買 2 件以上，商店的交易水準才會高，經營成本才會低。

瞭解商品銷售品類的結構，主要是判斷組合是不是合理，不合理往往會造成庫存增加，賣了上裝沒下裝。另一個是判斷商品的匹配是不是合理，如果不該有的貨品佔了大量的貨架，該有的沒有上架，也沒有陳列到應有的地方去，就需要在下次訂貨的時候重新做出決策。

瞭解該店所在地區消費者的取向，將銷售低的品種在店裏面做促銷也是很重要的一點。如果客人不喜歡商店衣服的風格，這時需要將商品重新組合，全部進行調整。

一般來說，商品的組合分三個部份，一個是售前，一個是售中，還有一個是售後。就商品管理而言，售前、售中和售後是不同的。

售前能不能賺到錢在於預測能力，如果商場規定 2 月 15 日統一開始上貨，2 月 15 日到 3 月 15 日這段時間的銷售，商店就不可能等確切地知道客人的需求才進貨，而只能是店長或者採購貨品的人，根據以往的經驗和對本地區消費者的瞭解做出相關預測。很多商店，有的在這段時間銷售很差，就是因為缺少預測什麼款在這個季節賣得最好的經驗。很多公司在售中狀態能夠把握業績，但因為貨品已經擺到賣場中，這個時候還是在被動地讓客人自己挑選衣服的過程中，發現什麼款好賣，再找公司追單進貨，開始補充這個款式，可這個時間已經浪費了 1/3。

還有一點，在 3 月 15 日之前有可能都是按原吊牌價錢賣貨品，在 4 月 15 日到 5 月 15 日之間只能賣平價貨，到 6 月 15 日只能賣折扣貨。前面原價銷售貨品的時機已經過去了，做零售一定要知道怎麼抓時機，知道貨品在什麼時間才會有高額回報。

零售企業都應該圍繞商品展開。商品出了問題必須看數據，必須做同比，必須拿以往的數據、對手的數據作對比，這樣才可以找到問題的癥結，採取正確的解決辦法，最終改變不盈利的事實。

3. 連帶率

連帶率是指銷售的件數與交易的次數的比，是銷售過程中一個非常重要的判斷依據。交易一次客人買走 2 件，說明連帶率高，如果交易一次客人買走 5 件，說明連帶率非常棒。

對連帶率最有影響的就是貨品的搭配，商店不要按照公司死板的搭配，要有些靈活的搭配，學會抓住客人的需要，這樣成交的機會才會比較大。

誰都希望客人進店，平均購買率在 1.5 或者 2.0 以上，這意味著購買量越多業績越高，還意味著商店員工經過訓練，銷售能力也在不斷提高，服裝搭配的能力也在不斷增強。

店長不能光憑感覺來發現員工能力方面的欠缺，要通過數據找到存在的問題，因為事實勝於雄辯。比如，要想提高連帶率，員工首先要對服裝很瞭解，其次要有較強的服裝搭配能力，再次是在銷售的過程中，利用促銷等銷售技巧，儘量讓客人多購買，這些都是店長需要幫助店員提高的方面。

4. 流失率

貨品的流失率指缺貨吊牌價與期間銷售額之比，再乘以 100%。例如，月貨品的流失率等於月末盤點的缺貨吊牌價除以月銷售額，再乘以 100%。缺貨率主要指貨品的丟失情況，比如一些配件、包以及促銷商品的丟失。

在管理過程中，把小的配件放在收銀台附近，可以降低商品的缺貨率。做休閒裝的賣場一般比較大，缺貨率也較高。像超市大賣場，每年光丟失的貨品帶來的損失就達幾千萬。對於商店來說，改善貨品的陳列，加強商品的保管，注重對員工在這方面的教育，缺貨率就可以得到解決。

5. 客單價

客單價指銷售額與交易次數的比。交易次數越多，意味著顧客每次購買的單價銷售能力越低。可以看出，客單價比較低的顧客都是一些收入階層比較低的顧客。

通過分析，可以知道在商店裏高客單價、中客單價和低客單價到底是由一些什麼樣的客流量組成的，這個對判斷、提高商店業績有很大的關係。每個商店都希望通過高客單價賣出更多的商品，提高單店

的盈利能力。如果單店平均每天客單價成交比例非常低的話,可能是因為導購的銷售能力不強,或者新員工的比例太多而影響整體的銷售水準。

有一個指標大家可能沒有特別注意過,平均銷售客單價太低意味著商店裏面的員工需要訓練,特別是在一些銷售技巧方面。銷售經驗成熟的員工賣貨品靠的是銷售技巧,而銷售經驗欠缺的員工賣貨品靠的是折扣的比率。

客單價不僅反映的是員工的銷售能力,也反映出不同收入層面的顧客在商店裏的實際購買情況。

6.庫銷比

在商店經營過程中,庫銷比是一個用得非常多的指標。它是指庫存的件數與週銷售件數之比,可以反映出貨品在銷售過程中是否處於正常的狀況。假如有一個款式 2 月 15 日上的貨,對這個貨品的要求是在 3 月 15 日之前,即在 4 週的時間裏賣掉 100 件,平均每週大概要銷售 25 件左右。結果可能會有兩種情況:一種是在 2 週之內已經賣掉 70 件,超額完成任務;另一種是 2 週之內只賣掉 30 件。

商店裏的每個款、每個色、每個碼在上貨架之前,店長應該對它們的銷售週期有一個規劃。

為什麼要劃分銷售週期呢?因為產品是有生命週期的,而服裝業是產品生命週期反應非常明顯的行業,有些款可以賣 2 週,有些款可以賣 4 週,有些可以賣 20 週,有些賣了 8 週以後就不再能銷售了。像第一種情況 2 週賣掉 70 件,按理說這個時候應該追單。那應該追多少?又怎麼做呢?找公司追單,拋掉公司上貨的 4 天時間,還剩下10 天,在這 10 天裏是選擇追 70 件、追 50 件還是追 30 件就非常重要了。如果追 70 件,從追單開始就會造成 30 件形成新的庫存,因為

商品的生命週期已經過了。這種情況在很多商店特別嚴重，因為店長不知道究竟追多少貨才合適。

在一些公司的商品追加訂單會議，很多店長說他那個店某某款好賣，4 週賣掉了 200 件。這個時候老闆會要生產部加做這種款式。結果等這個貨真正擺到賣場的時候，才發現上了 100 件卻只賣掉 30 件，後面 70 件在追單以後一動不動，完全沒有辦法銷售了。原因很簡單，每一種產品的流行度不同，銷售週期也就不一樣，這個就叫商品的生命週期。

假如某個貨品 2 週賣掉 70 件要追單，這個時候追單就要追現貨，因為這種貨從公司到賣場只需要兩三天。要是時間太長，過了商品的生命週期，即使貨到了也沒有意義了。如果只剩下 2 週，而現貨又沒有了，那該怎麼辦？就要在商店裏尋找替代商品。也就是從現在銷售的商品中，找出一個更有銷售潛力的商品，然後重新佈置櫥窗，再做一些促銷活動，就很可能會讓這個商品成為這一週的主銷商品。

7. 平效

平效是指每天每平方米的銷售額，並不是面積越大的店營業額越好，如果一個 50 平方米的店做 100 萬，而 1000 平方米的店做 800 萬，那可能 50 平方米的平效更好，有五個作用：

第一，幫助分析商店的平均生產力，看是否需要增大店面。有些商店連著兩三年平效沒有增長，但是這個平效在那個樓層卻是最高的。如果公司想讓它再增長，辦法只有一個——增大面積，否則平效的增長就到了極限。因為你的平效跟對手的、跟你以往的銷售記錄比都是最好的，這意味著不增加店面是沒有辦法增加平效的。

有些公司可能會考慮增加人手。那是沒有用的，每一個單店在某一地區的銷售潛力增值是有限的，如果想擴大佔有率只有三個辦法，

一是擴大店面的面積，二是換裝修，三是在旁邊再開一家新店，沒有第四個辦法可以想，因為做零售有些方法是固定的。

第二，分析店內的存貨是否足夠，確認店內的存貨數量與銷售的對比。如果想讓平效做得高，首先商品的缺貨數量一定要低，當然，也不是缺貨數量越低，公司的盈利就越好，而要達到一種最佳狀態。

第三，通過平效，可以瞭解員工的技巧。因為很多時候商店裏的導購是分區的。

第四，通過平效，可以瞭解商品陳列是不是得當，是不是在有效的貨架位置上沒有擺上好的貨品。

第五，通過平效，可以瞭解商店的貨品種類是不是太少。商店的面積不同上貨的種類就不一樣，種類不同經營的思路也不同。

30 平方米左右的店，貨品種類太多是一種「災難」。因為面積太小，貨品種類越多，店內就越擁擠，客人停留的時間也就短，成交的機會反而更低。

50 平方米的店的商品，要以 30 平方米的店好賣的單品為主，讓客人一進店就知道來買什麼，並且在最短的時間成交，客流量越大平效越高。這是做零售的遊戲規則。

50 平方米以上的店，一定要種類齊全，讓客人進店以後感覺有很多東西可以選，但是系列感不要太強。因為來這種店的客人不會停留太長的時間，店內的選擇更多，成交的機會更大，連帶率也更高，但不需要系列。

100 平方米以上的專賣店，一定要有形象。因為到這種專賣店來的基本是老顧客，他們覺得這裏的環境好、客流量少，可以安靜地享受導購更多的指導和指引，所以連帶率一般比較高。

經營 400 平方米以上的店又不同了，與經營小店的概念是不一樣

的。在經營商店的時候，一定要注意通過這些數據發現問題，從而找到解決的方法。

8.平均單價

平均單價是銷售額與銷售件數的比。平均單價越低，意味著這個商店的盈利能力越差。平均單價對利潤的影響非常大，如果產品以非常低的平均單價銷售出去，會直接影響到商店的利潤，同時也會影響到公司的一些經營管理。

9.暢銷/滯銷 10 款

若想把握商店的銷售就不能坐著等。坐到收銀台前，等著客人來購買的這種經營商店的模式已經過去了。現在要做的事情是，通過利用一些手段和方式在售前、售中和售後來抓住銷售亮點，變被動為主動。

所說的 10 款分為每週的前 10 款、每月的前 10 款、每季的前 10 款。

為什麼一定要這麼分呢？每個公司每年都會推一個主題，比如 LV 公司去年推的就是航海系列，因為它贊助了「美洲杯」的帆船賽，專賣店裏有航海的眼鏡、航海的包、航海的鞋子、航海的服裝等各種關於航海系列的服裝和配飾。LV 公司為什麼推這個？因為它想告訴大家今年在做一個新的故事，這是它全年推的主題。

LV 公司的產品開發得很慢，基本上是兩年半到三年才推一個新款，但最好賣的一定是去年或是前年的舊款，他推出的新概念的貨品賣得並不是最好的。那為什麼還要每年推一個新概念呢？理由是，推新概念才會帶動舊商品的銷售。這些主推款很可能都是用來做形象、做概念的，或者用來做展示的。做零售有三個 2/8 法則。

第一個 2/8 法則是，在 80%的情況下，銷售額做得越高，庫存額

越大，也就是銷售額和庫存額在 80%的情況下是成正比的；在 20%的情況下，銷售額做得很高，庫存卻非常的低。這是少數情況，很多公司幾年也就碰到一兩次。

第二個 2/8 法則是，在一個商店裏 20%的貨品往往可以做出 80%的業績，而 80%的貨品在商店銷售過程中都會變為庫存。全部是庫存，那服裝沒得做了，怎麼辦？它不會成為庫存，原因很簡單，用最短的時間發現 20%的款式，用最快的速度讓公司把這個款的數量最大化，這樣才能賺到錢。還有，用最短的時間發現 80%最不好賣的滯銷款，然後拿出來做促銷，讓促銷品變成現金流，讓現金流變成商品流，資金週轉速度越快，商品流動越高，庫存越低，單店的盈利效益就越好。

零售在國外已經有 100 多年歷史。如果你不知道這種法則，你就不能破解零售的問題，不能成為一個很好的銷售人員。所以一個很好的銷售人員是對零售規則非常清楚的人。

第三個 2/8 原則是，在賣場中永遠是 20%的貨架帶來 80%的平效，賣場中的貨架非常多，但是永遠只有 20%的貨架是效益最好的貨架。為什麼要選出最好賣的 10 款跟最難賣的 10 款呢？就是要把最好賣的款陳列在效益最好的貨架上。很多公司做促銷，把「2/8 原則」中那個 20%帶來 80%業績的貨架用來做促銷品，這是天大的浪費。在一個商店裏平效最高的位置永遠是最稀有、最少的，不可以用它來做那種沒有利益的商品促銷和陳列展示，而要讓貨品在最稀有的位置產生最高的效益。

每週公司給商店上貨品以後，店長要從 20 款裏面找出你認為最好賣的 5 款，並放在最有效的貨架上，然後再找出你認為不好賣的 5 款放在最沒有效益的貨架上，讓最有效益的貨架上的貨品永遠讓顧客摸得著、看得到。所以做零售的人一定要有靈活度，否則零售業績是

沒有辦法提升的。

很多店長都是到公司開會、彙報，要是公司沒有決策，店長也毫無辦法。有家店長非常厲害，他去商店一般是上午 9 點去，晚上 11 點才回來。他每到一家商店做的第一件事是先看手錶，然後讓導購記錄時間。他在整個樓層附近走一圈回來以後，便開始重新整理貨品。接著他會看一下銷售報表，然後將商品的組合重新調整，結果往往到晚上的時候業績都會翻一番。

為什麼會這樣？因為這個店長跑完整個樓層後，他就知道其他店在賣什麼，什麼商品好賣，而我們的櫥窗裏面擺的還是公司規定的那一款。賣場的變化是以小時和天來計算的。店長不能光執行公司的命令，有些商品按公司的規定擺在某一個地方是正確的，但當這種商品已經沒有銷售前景的時候，還擺在那就會影響當天的業績。所以，一個比較差的店長只關心每月的業績，一個合格的店長觀察每週的業績，而一個優秀的店長則觀察每日、每小時的業績。

香港賣場中有一個鋪面，大概 150 多平方米，租金非常貴，一年要 1000 多萬元，平均下來每天的租金非常高，所以公司要求店長和導購必須每小時觀察一次業績，那個時段做得不好，馬上進行相應調整。此外店長有充分的權力調動貨品、配貨。為什麼？因為在租金這麼昂貴的店鋪裏，如果店長依靠公司進行遠端遙控而沒有權力做主的話，就很可能耽誤最佳銷售時期，影響整個業績。

未來競爭對店長能力的要求越來越高，而且越來越專業。現在很多做銷售、做管理的人都不懂貨品，只注重銷售額那個數字，這是沒有用的。因為那個數字是從每件衣服、每個色、每個碼、每種面料裏面賣出來的，必須得懂貨才能做出正確的決策。

由於公司的判斷與實際銷售有差別，店長在商場裏一定要觀察整

個樓層。當其他人都在上某一款的時候,要麼你上的那款跟大家都不同,可能會賣得很好;要麼你追著大家走,可能賣得也會很好;如果你也不追,也不關注別人的銷售狀況,而公司總部又沒有辦法關注到每一天的市場情況,那銷售就會受到很大的影響。

所以,一定要每週找出好賣的 10 款、難賣的 10 款,把好賣的 10 款放在最好的位置上,難賣的 10 款拿出來做促銷。

10. 人效

人效是平均每人每天的銷售額。

這個指標可以知道每個人在店裏的貢獻是多少,瞭解那個人表現好、那個人表現差,清楚員工那些能力還需要提高。如果銷售能力比較弱的員工每次都能得到很好的收入,就會打擊銷售能力非常強的員工的工作積極性。所以,根據人效指標,有針對性地對那些能力較弱的員工進行培訓,才能提高他們的銷售能力。

對速銷品公司來說,像 ZARA、H&M 商品的流動件數非常高,配備的導購人數比普通商店每平方米配備的人數稍微多一些。還有一些賣奢侈品的商店,配的導購人數也非常多,因為這種商品的單件價值非常高,他們希望能為客人提供全方位的服務。

所以,根據人效可以知道員工的銷售能力,與該貨品是否匹配,主要是根據員工最擅長銷售什麼產品,來重新安排銷售區域,同時將銷售能力強的,和銷售能力一般的員工進行搭配組合,這樣對銷售也會有些幫助。

11. 同比

同比的意思很簡單,就是指與去年同期相比銷售額有沒有增長。

12. 毛利

毛利是指沒有除去費用時的總利潤。由此可見,毛利增加並不代

表利潤也增加，只有除去成本等一切費用後的淨利潤增加了，才表示利潤的增加。在整個商店經營過程中，可以通過上述 12 項指標，來發現商店裏存在的各種各樣的問題，進而找到解決的最好方法。

2

店鋪的報表管理

 業 績 提 升 技 巧

內部報表為店鋪管理層提供的各種信息，有助於店鋪管理者及使用部門進行有效的溝通、控制、決策和業績評價。

內部報表是以定期或非定期形式提供用於內部溝通、控制、決策的各種報表。內部報表作為信息回饋過程中的載體，在管理控制系統中能使零售店鋪更好地進行溝通、控制決策以及業績評價。

1. 店鋪銷售日報表

銷售日報表一般是當日填寫，當天傳報公司，銷售日報表是每日銷售活動的第一手資料，各營業店當天銷售的情況都顯示在該記錄中，這是最快、最直接提供給配銷中心補貨的參考資料。分析日報表的目的有以下幾點：

⑴終端店鋪個人銷售跟蹤表。

⑵各主要店鋪的銷售表現及產品類別銷售結構分析。

⑶價格帶、連單率、平效、人效。

⑷與去年同期銷售進行比較。

⑸競爭品的同日銷售狀況。

2. 店鋪銷售週報表

店鋪銷售週報表，是反映賣場一週的銷售信息的報表，因此內容需要歸納和分析。分析週報表的目的有以下 4 個方面：

⑴賣場把握：例如對商品動向、顧客動向、現狀課題、今昔對比的把握。

⑵下週對策：研究滯銷品的處理，暢銷品如何跟進等策略的研究。

⑶下週計劃：商品預測、下架商品判斷、上架商品調整。

⑷服務提升：提高參與意識；提升員工搭配技巧；深入研究商品特性。

店鋪銷售週報表的作用主要表現在以下幾方面：

⑴各主要店鋪的銷售表現及產品類別銷售結構分析。

⑵新上貨品不到一週的銷售分析及市場回饋。

⑶各主要色系的銷售趨勢。

⑷價格帶、連單率、平效、人效。

⑸與去年同期銷售進行比較。

⑹競爭品的同期銷售狀況。

⑺前十名是否加單；後十名是否需要調整打折，以及滯銷原因。

3. 店鋪銷售月報表

店鋪銷售月報表，是反映賣場一個月的銷售信息的報表。透過每月銷售目標與每月實際銷售(實際銷售＝銷售額－退換貨或者其他)達成對比，即達成率是多少。找出達成率低或沒有完成銷售目標的原因，必須在下個月進行改正；找出達成率非常高或超額完成銷售目標

的原因，然後在銷售工作中不斷地複製及改進。

銷售月報表的作用主要表現在以下幾方面：

⑴預算計劃不修正，是否可以良性推進？

⑵需要明確下個月的什麼工作內容。（應該強化的商品；應該處理的商品等）

⑶價格帶、連單率、平效、人效。

⑷各主要店鋪的銷售表現及產品類別銷售結構分析。

⑸新上貨品一月內的銷售分析與市場回饋。

⑹季節店鋪銷售變化及產品類別銷售結構分析。

⑺各主要色系的銷售趨勢。

⑻與上一年同期銷售進行比較。

⑼競爭品銷售跟蹤。

透過銷售月報表可以清晰地瞭解以下內容：

⑴全面瞭解進貨情況

透過某月或者截止某日的各產品(品規)進貨結構，可以全面瞭解該客戶總體進貨是否合理，是否存在過度回款現象(即通常所說的壓貨)，同時也可全面瞭解各產品之間的進貨是否合理，是否與公司的重點產品培育目標一致，是否存在個別產品回款異常的現象。

⑵全面瞭解銷售情況

透過每月銷售情況，可以全面瞭解公司的每月銷售總體情況及各產品銷售結構以及在某階段時期內的銷售增長率/環比增長率等，從而發現有望實現銷售增長的品種。透過銷售回款比可以及時發現銷售失衡的品種，為尋找原因，採取有效措施爭取最佳時機。

⑶全面瞭解庫存情況

透過對庫存結構的分析，可以發現現有庫存總額以及庫存結構是

否合理，透過庫存銷售比可以判斷是否超過安全庫存，如果庫存過大，那麼過大的原因何在？是否與分銷受阻，競爭品有關？這有利於銷售主管採取及時措施，加大分銷力度。降低庫存，避免庫存產品因過了失效期而產生退貨風險。對低於安全庫存的產品，加大回款力度，避免發生斷貨現象。

3

設定商店目標額

業 績 提 升 技 巧

商店目標額的設定要有現實的依據，有實現的可能性。這樣才能激發員工的工作積極性，努力達成銷售額，提升店鋪業績。

1. 給自己設定銷售目標額

目標管理是透過目標和準則執行考核，改善商店經營業績成果，並關注店員的能力和心態發展的管理。目標有些由公司設定，有些需要店長設定。國外很多公司的商店，都是讓店長自己給自己定業績。原因很簡單，員工自己參與制定的業績比公司制定的業績，更讓人有奮鬥意識，因為那是一種對自己能力的考驗。

目標設定很容易，但要把目標落實下去就不是一件簡單的事。目標能不能落實下去不在於店長有多能幹，而在於店長能不能讓團隊中

的每個人把這個目標當作已任來完成，這才是最關鍵的。

設定完目標，就要對目標進行定期考核，考核的目的是看目標在每一次執行中達到了什麼樣的效果，然後再根據實際情況對目標進行適當的調整。在這個過程中，店長的主要工作是溝通與激勵。跟公司溝通，保證貨品供應的及時；跟店員溝通，讓大家齊心協力、全力以赴去工作。最有效的激勵不是物質上的獎勵，而是隨時隨地的誇獎。所以，店長在管理過程中一定要養成隨時誇獎店員的習慣，這才是促進大家積極工作最好的方法。

2. 目標額設定要理性

目標的設定不是隨意的，只有遵循一定的法則，才能將目標制定得科學、合理、實用。

目標的設定要有實現的可能性。有些公司給員工設定的目標過高，導致他們連著好幾個月都完成不了任務。這時需要將目標調低，如果不做調整會影響員工的信心。

目標的設定也要有科學的方法和現實的依據。目標設定得過高完成不了沒信心，設定得過低太容易完成也不好。

目標設定得過低，員工過於容易完成，即使兌現了這些提成，可能再也留不住這些員工了。因為一旦調整這個比例，員工再也拿不到這個工資，也就不願意在這兒幹了。當然，目標設定得過高，員工總是完成不了，員工的流動率就會增加，對公司也不利。

3. 目標達成五步走

目標達成的五步包括計劃、組織、任用、領導和控制。

有了目標之後，首先要做計劃。在做計劃之前需要考慮的問題很多，包括用什麼條件完成目標，人手是否夠充裕，公司這一季的貨品與顧客的需要是否匹配，公司的促銷有沒有新的投入等等。

第二是組織。計劃落實需要依靠人,團隊中每個人的能力有強弱,怎樣將他們組織起來,使他們發揮最大的效能,也是很重要的。

第三是任用。作為店長要充分相信你的手下有能力把這個工作做好。在分配工作時也要注意把工作具體到人,不能模棱兩可。

第四是領導。店長作為商店的掌門人,如果對店內的事情不聞不問,對店員放任不管,整個商店就會像一盤散沙,這樣的商店遲早要出問題的。

第五是控制。控制也可以說是監督,既不能放任不管,也不能死盯著不放。在目標達成過程中,店長要做到遊刃有餘、鬆弛兼備。

4.銷售目標額的分解

首先要參考去年同期的銷售額。其次要考慮是否有促銷和廣告,如果有的話,在參考去年同期的銷售額時就要將這個因素考慮進去,這樣新目標與實際銷售也就不會有太大的偏差。

第一,準備該月份「每日銷售目標表」。將該月的銷售目標分為四等,即該月內每個星期各佔一份,將每個等份按照一定比例分配,並把結果寫在「每日銷售目標表」上。

第二,準備參考資料,如該月的節日、天氣等。

第三,準備過往營業數據,如上月每日營業額、去年同月每日營業額等等(如去年同期為 20 萬,今年增長 10%,則目標為 22 萬)。

第四,如果有該月份大型推廣活動時間表,可一併考慮在內(如有促銷一般能增加 10%的營業額)。

第五,從參考數據中找出一星期七天營業額所佔比例,如星期一至星期四各佔 12%、星期五佔 16%、星期六及星期日各佔 18%,總共100%。

第六,將該月的銷售目標均分四等份,該月內每星期各佔一份,

將每等份按照上述比例分配，結果寫在「每日銷售目標表」上。

第七，參考節日、天氣、大型推廣活動等資料，調整分配出來的數字，至滿意為止。

第八，至此，該月份的「每日銷售目標表」大致上完成。

第九，核對。「每日銷售目標表」上總和應該等於該月的銷售目標，如有偏差，適當分配調整數字使之一致。

所謂目標的分解，不僅要將目標分解到季、月、週、日，還要將它分解到不同的營業時段，如第一時段是開門營業到下午三點，第二時段是下午三點到晚上六點，第三時段是晚上六點到晚上十點。將目標從季分到月，從月分到週，從週分到天，從天分到每天的四個時段，相信員工一定能完成目標。

分解目標時要注意，給員工設定的目標要參考這個員工已往的成績和銷售能力。對於經驗充足的員工，讓他自行訂立目標；對於經驗不足的員工，由店內人員輔助其訂立目標。

員工的目標往下分解的時候，要根據每個人的實際情況，不能實行平均分配。店裏面總會有新來的員工，如果按照人頭平攤的話，新員工會面臨目標不能達成的情況。比如一個商店裏面有 5 個導購，他們的業績肯定不一樣，有些人可以做到整個商店業的 30%～40%，有些人再怎麼努力，即便做了很長時間也做不到那麼多。所以，對能力不強的員工要經常培訓、訓練，同時還要多鼓勵、多幫助，這樣才能使他們得到提高。

5. 及時分析與調整

目標在實施過程中需要分析和調整，每週小結一次，計算目標的達成率，如果沒有達成就把它分配到未來的幾週裏面。同時，應該想辦法完成預定目標，或者派人協助完成目標，或者對員工進行輪調，

讓他們找到新的信心。要是 2 週後目標達成率仍然很低，要麼調整月目標，要麼把團隊進行重新調整。如果本月目標沒有完成，可以調整到下個月，但是絕不能超過 2 個月都沒有完成目標。

很多公司 60%的店長完成不了目標，而公司卻無能為力。這種狀況如果繼續下去的話，可能會影響到剩下 40%的店長對工作的積極性，慢慢形成一種目標完成與否都不重要的思維慣性，這是非常可怕的事情。

心得欄 _____

_____

_____

_____

_____

_____

4

店鋪年度目標的計算

業績提升技巧

　　在每一個運營年度開始前,要將相關年度數字確認完畢。制定營業額目標其實就是企業下年度希望能夠達成的銷售額。

　　銷售額是零售企業的血液,沒有了銷售額,那麼其他的毛利額、純利潤就通通都談不上了。如果一家店鋪管理得很好,店面整潔、人事一團和氣、倉庫管理得當,但就是做不出業績,每天鴨蛋開場、鴨蛋收場,身為經營者,也不會因為這些有條不紊的管理而獲得到一分一毫的利潤。這樣經營者當然不開心,即使勉強讓自己帶著笑臉,也是萬般苦在心,所以在店面經營當中,銷售額、毛利額、純利潤之間正確的先後順序是銷售額→毛利額→純利潤,一切以銷售額為最重要的指標,先將銷售額帶動起來才能夠按部就班地往下繼續追求。

1. 店鋪指標管理

　　年度營業目標是否合理,關係到一年的計劃能否完成,因此在制定年度營業額目標時需要有合理的依據和方法。合理的指標管理是一個店鋪銷售提升的根據。

(1)當年年度指標設計的依據

設定指標可以依靠以下幾個方面：

①去年銷售情況；

②去年的貨品情況；

③去年的促銷情況；

④去年的營業費用(店鋪營業費用原則上是在去年營業費用的基礎上合理增加 20%～30%的幅度)。

(2)年度指標的分類

營業指標按照時間可分為以下幾種：

①年指標：店鋪一年的指標(年前一個月制定)；

②半年指標：店鋪半年的指標(制定完年指標後分解到半年)；

③季指標：指春夏秋冬四季的指標(制定完半年指標後分解到每個季)；

④月指標：指每個月的指標(制定完四個季指標後分解到每個月)；

⑤日指標：每日銷售指標(根據月指標分解到每一天)；

⑥節假日指標：指五一、十一、春節(根據五一、十一、春節的實際促銷情況制定指標)。

(3)制定指標的參考因素

在制定指標的時候要考慮如下可變因素：

①當地物價上漲指數；

②每年物價將因原料價格上漲，人工薪資上漲，土地、房屋成本上漲而上升；

③人口數、戶數的移動變化；

④商圈內因居民住宅的興建而搬入一些外來人口，生育率提高

或人口移出等；

⑤市場的沒落情況；

⑥市場被競爭店瓜分；

⑦道路交通體系的改變。

表 4-1 是一家服裝店鋪制定的 2009 年度銷售指標預測表。其中根據 2008 年實際的情況對比 2009 年的實際變動狀況，可以分析 2009 年對銷售預測的影響情況。最終得出，2009 年會比 2008 年銷售上漲約 9%的額度。

即：800 萬＋(800 萬×9%)＝872 萬

表 4-1　2009 年銷售指標預測

序號	條件	2008 年	2009 年預計	對銷售預測的影響
1	銷售額	800 萬		
2	正價銷售的新舊貨之比	65%：35%	90%：10%	15%
3	折扣銷售比率	35%	10%	-15%
4	整改形象	/	新裝修和新道具	20%
5	店鋪銷售能力	新員工偏多	店鋪銷售能力明顯提升	10%
6	競爭對手	該商圈 5 家	該商圈 7 家	-8%
7	市場自然增長率	/	/	15%
8	預測增長	/	/	37%
9	預測增長的調整	近 5 個月銷售增長走勢較好		10%的增長應該可行

2.平方米平效法

平方米平效是指終端店鋪 1 平方米的業績效率，一般是作為評估店鋪實力的一個重要標準。平效一般指年度平效，也有的店鋪同時採用月平效，平效有時也指平均每平方米的銷售金額。當然，平方米效率越高，店鋪的效率也就越高，同等面積條件下實現的銷售業績也就越高。平方米效率方法包含有平方米投入和平方米銷售兩個概念。

平效＝當年同期銷售業績÷當年店鋪面積

例如，某數碼零售公司 A 店鋪面積為 60 平方米，年度銷售額為 200 萬，B 店鋪 200 平方米年度業績產出為 500 萬。A 與 B 兩個店鋪的年度平效各是多少？

A 店鋪平效為 200 萬÷60 平方米＝3.33 萬元/平方米

也就是說 A 店鋪每平方米一年的業績貢獻為 3.33 萬元。

B 店鋪平效為 500 萬÷200 平方米＝2.5 萬元/平方米

也就是說 B 店鋪每平方米一年的業績貢獻為 2.5 萬元。

通過平方米效率計算，就會清楚地看到：有的店鋪空間雖然比較小，但是效率卻高；而有的大店鋪效率反而低迷。因為它們的平方米投入肯定不一樣，所以平方米產出也就不一樣。平效是判斷店鋪贏利能力的重要數據。

如何運用平方米平效制定年度營業目標呢？公式如下：

年行銷目標＝現有平方米數×當年同期銷售數據÷當年店鋪面積

例如店鋪 100 平方米，2008 年同期的銷售業績為 300 萬，2009年店面改造擴大到 120 平方米，公司的年平均增長率為 8%，2009 年的營業目標為多少？

該店鋪的平方米效率為：

300 萬÷100 平方米＝3 萬/平方米

當店鋪面積增加到 120 平方米時，店鋪業績為：

3 萬/平方米×120 平方米＝360 萬

又因為公司年平均增長率為 8%，則新的營業目標為：

360 萬＋（360×8%）＝388.8 萬

通過計算可以得出 2009 年營業目標定為 388.8 萬，比較合理。

再如，某店鋪 2008 年 3～8 月業績 600 萬，同期店鋪面積 300 平方米，2009 年 3 月以後店鋪面積計劃增加到 500 平方米，2009 年 3～8 月的營業目標為多少？

該店鋪的平方米效率為：

600 萬÷300 平方米＝2 萬/平方米

店鋪面積增加到 500 平方米時，店鋪業績為：

2 萬/平方米×500 平方米＝1000 萬

2009 年 3～8 月的營業目標為 1000 萬。

這個營業目標存在兩個問題：

(1)鋪貨量增加多少

因為店鋪營業面積增加了 200 平方米，其店鋪的鋪貨量必然增加，這個時候需要考慮店鋪的鋪貨量，因此，1000 萬的營業目標定得相對低了。

(2)增長點是多少

店鋪營業面積的增加會使店鋪的營業業績有一定的增長，在上面的計算過程中，沒有考慮店鋪的增長點的問題，使得目標訂立得更加低了。

平效除了可以制定年度營業目標外，還是店鋪商品展示空間調整的依據。

首先，應該計算一下目前為止店鋪的平方米效率。再根據預算營

業目標結合店鋪實際面積計算一下，平均 1 平方米應該承擔多大銷售金額。如果營業目標在店鋪面積沒有發生改變的情況下為上一年度的 1.3 倍，那麼為了完成這一新的目標，平均 1 平方米展示的商品就需要通過改變陳列方式增加為原來的 1.3 倍，或者是通過行銷方法的改變使商品回轉率增加到原來的 1.3 倍。這樣分析，就可以預先判斷實現目標的可能性。

其次，還有必要站在公司整體的角度、不同區域的角度、商品種類的角度等分別計算平效，以便掌握不同的店鋪效率，指導正確的數據分析，從而制定正確的調整政策。

例如，店鋪 A、B 的營業面積如果一樣大，營業目標是否一樣？營業目標不一定一樣。因為店鋪內的產品展示量有可能不一樣，即每平方米投入的量也是不一樣的。這裏包含平方米投入和平方米銷售的概念，平方米投入得多，相應的平方米銷售也應該增加。

3. 根據客流量制定年度目標

進店客人數＝客流量×進店率

成交客人數＝進店客人數×成交率

當季日銷售額＝成交客人數×客單價

當季銷售額＝當季日銷售額×當季銷售天數

全年銷售額＝當季銷售額÷當季銷售額年度佔比

需要注意的是，這個數字只是一年的銷售額，為了達到這個銷售額，店鋪中還需要鋪滿一整盤的貨品。因此店鋪的訂貨額公式如下：

店鋪的訂貨額＝全年銷售額＋店鋪－整盤貨品額

4. 根據盈虧平衡點制定年度目標

盈虧平衡點就是店鋪經營成本與經營收益的平衡點，是指企業的銷售額正好與企業的總成本(營業費用＋商品總成本)相等，企業處於

既不贏利又不虧損的狀態。以盈虧平衡點為界限，當銷售收入高於盈虧平衡點時就贏利，反之，就虧損。

不論是準備開店還是已經開店，計算精確的盈虧平衡點，可以幫助專賣店有效地推進銷售計劃及控制成本。盈虧平衡點是店鋪營業額的底線，每個月的營業額只有超過盈虧平衡點，店鋪才能贏利。

因此在利用盈虧平衡點計算下年度的年度目標時，可以根據本年的銷售數據，核算年度店鋪的盈虧平衡點，根據盈虧平衡點加入年度希望的贏利數字，便可制定年度的營業目標。核算盈虧平衡點時，需要制定最終盈虧報表，展開數據詳細核算。

很多店主在計算盈虧平衡點的固定成本時，常常未將裝潢的折舊算進去。如果是自有房屋或無租期限制，可按五年計算；但如果有租期限制，就要以實際租期作為攤配年限。

但單純以盈虧平衡點仍無法準確估計應達成的營業目標。專賣店通常只從成本去估計營業額，而忽略當地商圈的消費實力，造成「一廂情願」的經營盲點。

某數碼專賣店，依據成本算出了每個月的營業額要 20 萬元才能打平，但如果根據消費調查，當地商圈對於該店來說根本不可能有 20 萬元的購買力，則本店必須千方百計地把營業成本降下來，使營業目標盡可能接近實際的消費能力，否則，虧損將不可避免。

5. 天真預測法

用天真預測法預測店鋪營業目標，需要統計出往年店鋪的銷售數據，以這個銷售數據作為依據確定下一年度的店鋪營業目標。公式如下：

下年同期行銷目標＝當年同期業績×（當年同期業績÷上年同期業績）

例如，季預算

　　某數碼產品店鋪在 2008 年 1～3 月份實績為 210 萬，2009 年 1～3 月份為 230 萬，採用天真預測法計算，2010 年 1～3 月的目標為多少？

　　行銷目標＝當年同期業績×（當年同期業績÷上年同期業績）

　　　　　　＝230 萬×（230 萬÷210 萬）

　　　　　　≈252 萬

　　再如，年度預算

　　某數碼產品零售公司 2008 年銷售業績為 5500 萬，2009 年銷售業績為 6500 萬，採用天真預測法計算，2010 年目標為多少？

　　行銷目標＝當年同期業績×（當年同期業績÷上年同期業績）

　　　　　　＝6000 萬×（6000 萬÷5500 萬）

　　　　　　≈6545 萬

　　天真預測法比較適合開業兩三年的新店鋪，因為店鋪陳列的 SKU 數是一定的、有限的，對於經營時間比較長的店鋪，其業績的增長不可能是無限制的，因此在長期開店的情況下，一般是不採用這種方法來進行行銷目標的預測的，而是用下面另一種方法——平方米平效法，這種方法計算更加科學一點。

6. 店鋪銷售目標的分解

　　目標分解就是將總體目標在縱向、橫向或時序上分解到各層次、各部門甚至具體到個人，形成目標體系的過程。目標分解是明確目標責任的前提，是使總體目標得以實現的基礎。

　　在店鋪中，年度的營業指標預測完成後，後面的工作就是將指標分解到每季、每月、每日，再分解落實到每一個人。

(1)銷售日指標計算

　　零售有時也是靠天過日子，例如，雨天、雪天、風天和普通天氣

的銷售情況不一樣，節假日和工作日也大不一樣。下面的一組信息就足以說明這一點。

2009 年 1～11 月份，消費品零售總額達 157.6 億元，比去年同期增長 18.1%，預計全年消費品零售總額在 174 億元左右。其中，節假日消費比較集中，大大帶動了零售業全年的增長態勢。國慶等節假日，以購物、娛樂、餐飲等為主要特徵的假日經濟，有力地擴大了消費需求。據統計，世紀聯華、好又多、有加利等各大超市假日期間的銷售額，基本每天保持在 100 萬元以上，客流量萬人以上，銷售額比平時增長 30%以上。

既然不同的天氣、不同的節日，對銷售的影響不一樣，那麼在目標分解時參數就不能一樣。這裏就涉及一個指標，即銷售日指標，下面來看每個月的銷售日指標是如何計算的。

以每月 30 天計算，每月有 8 個休息日，這些休息日銷售目標預計可達到平時的 1.5～2 倍。平均每月 5 個陰、雨、風、雪天，這些天銷售目標預計只有平時 0.5～0.8 倍的銷售，節日指標如元旦、春節等重要節假日，預計可達到平時的 2～4 倍。

①每月扣除風雪、節假日後，正常銷售日為：30－8－5＝17 天

②週六、日指標為：正常銷售日指標×1.5

③雨天指標為：正常銷售日指標×0.5

④節日指標為：正常銷售日指標×2

則正常銷售日指標為：當月總指標÷（8 天×2 倍＋5 天×0.5 倍＋17 天）＝當月總指標÷35.5 個銷售日

以上分析只是一個通用的簡單分析，各個零售業態在使用時，應該根據各行業銷售淡旺季的特點進行修改。例如：銷售學生用品的店鋪在暑期、開學前、寒假春節期間銷售最旺；服飾用品在換季時、常

規假日最旺；冷氣機、冰箱等電器在入暑前最旺等等。

(2)銷售額比率分析

根據表 4-2 的數據，繪製時間(月)與銷售額的曲線圖，如圖 4-1 所示。

表 4-2 與圖 4-1 可以清晰地看出此產品在 1 月、6 月、7 月、8 月銷售額比率增長較好，其他月份則相對均衡。由此表中曲線的變化情況可對月份之間的銷售有個基本的瞭解。

表 4-2　2009 年某藥品銷售記錄

月份	1 月	2 月	3 月	4 月	5 月	6 月	7 月	8 月	9 月	10 月	11 月	12 月
銷售額	5000	2300	1800	1600	1580	4500	5800	6800	3000	3200	2200	2000

圖 4-1　2009 年某藥品銷售額示意圖

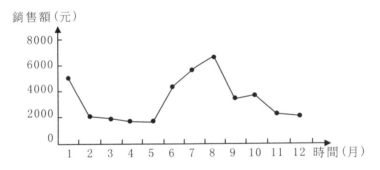

(3)季節銷售指數法目標分解

季節銷售指數法是根據時間序列中的數據資料所呈現的季節變動規律，對目標未來狀況做出預測的方法。這種方法可以根據上一年的銷售業績數據，對今年總的行銷目標進行有效的分解。這種方法適合受季節影響較大的店鋪，一般運用季節銷售指數法進行預測時，時間序列的時間單位採用月。在進行數據計算式時，至少應該有 3 年以

上的銷售數據作為基礎，通過求得歷年每月實際業績平均值和歷年同期累計業績平均值的方法，計算季節銷售指數的數值。因為 2 年的銷售數據沒有規律性可參考，假如 2 年的數據波動較大的話，就無法採用此方法進行年度目標的預測。公式如下：

季節銷售指數＝每月實際平均業績÷同期累計業績×100%

例如，某數碼產品店鋪 2010 年的營業目標已確認為 500 萬，2007～2009 年 1～12 月業績如表 4-3 所示。根據 2007～2009 年的銷售數據，分解 2010 年的月營業目標。

表 4-3　某店鋪 2007～2009 年業績表

	1 月	2 月	3 月	4 月	5 月	6 月	7 月	8 月	9 月	10 月	11 月	12 月	合計
2007 年	26	30	45	59	31	28	22	31	33	48	50	50	453
2008 年	18	28	47	61	40	32	30	21	45	32	57	51	462
2009 年	22	25	40	52	43	42	35	24	41	38	50	48	460
合計	66	83	132	172	114	102	87	76	119	118	157	149	1375
平均數值	22	27.7	44	57.3	38	34	29	25.3	39.7	39.3	52.3	49.7	458.3
季節銷售指數	4.8%	6%	9.6%	12.5%	8.29%	7.41%	6.33%	5.52%	8.66%	8.58%	11.41%	10.84%	100%
2010 年	24	30	48	62.5	41.45	37.05	31.65	27.6	43.3	42.9	57.05	54.2	500

表 4-4　多店鋪月營業目標分解表

單位 (萬元)		當年 1 月～6 月						當年 7 月～12 月						全年合計
		1 月	2 月	3 月	4 月	5 月	6 月	7 月	8 月	9 月	10 月	11 月	12 月	
A 店	09 年實績	35	44	46	33	20	22	39	48	45	40	37	30	439
	季節銷售指數	7.97%	10%	10.5%	7.5%	4.55%	5.08%	8.9%	10.9%	10.3%	9.1%	8.4%	6.8%	100%
	10 年目標	42.7	53.7	56.3	40.3	24.5	26.9	47.8	58.5	55.3	48.8	45.1	36.5	536.4
B 店	09 年實績													
	季節銷售指數													
	10 年目標													
…	09 年實績													
	季節銷售指數													
	10 年目標													
X 店	09 年實績													
	季節銷售指數													
	10 年目標													
公司 10 年目標合計		477.3	600	605.3	455.5	296.1	295.2	532.5	665	620.7	554.2	493.2	421.2	6013.2

第一步：計算每月平均數值。例如 1 月平均數值為：（26＋18＋22）÷3＝22

第二步：計算年平均值。例如：1375÷3≈458.3

第三步：計算季節銷售指數。

季節銷售指數＝每月實際平均業績÷同期累計業績×100%

例如，1 月季節銷售指數為：22÷458.3≈4.8%

第四步：根據 2010 年年度目標計算每個月的業績額。

例如：2010 年 1 月業績額為：500×4.8%＝24

通過每月平均理論值診斷淡季與旺季。每月理論平均值為458.3÷12≈38.19，即理論上每月需要銷售 38.19 萬元，那麼理論季節銷售指數則為 38.19÷458.3×100%≈8.33%。通過理論季節銷售指數，可以清晰地看出，那些月份是銷售旺季，那些是銷售淡季。重點在銷售淡季的月份，思考行銷策略，提升整體店鋪營業額。

例如，2009 年 1～6 月的營業實績如表 4-5 所示。2010 年 1～6月目標為 1000 萬，那麼，2010 年 1～6 月各月的銷售目標分別是多少？

表 4-5　2008 年 1～6 月的營業實績表

	1月	2月	3月	4月	5月	6月	合計/萬元
2009 年	90	120	150	90	60	90	600
季節銷售指數	15%	20%	25%	15%	10%	15%	
2010 年	150	200	250	150	100	150	1000

第一步：計算季節銷售指數。例如：2009 年 1 月的季節銷售指數為 90 萬÷600 萬＝15%。

第二步：根據季節銷售指數及 2010 年 1～6 月的總營業目標，

計算 1～6 月每個月的營業目標。

例如：2010 年 1 月營業目標＝1000 萬×15%＝150 萬。

再如，每日銷售指標計算某服裝零售店，通過計算得出 2010 年 3 月份的銷售指標為 32 萬，根據銷售指標制定每日的銷售指標。

第一步：分析。3 月為 31 天，其中有一天是「三八婦女節」；有 8 天週末時間，預計有 5 天惡劣天氣。

第二步：計算 3 月份銷售日指標。

3 月銷售日指標＝(31－1－8－5)＋1×2＋8×1.5＋5×0.5＝33.5 個銷售日

第三步：計算每個銷售日的銷售指標。

每日銷售指標＝月銷售指標÷33.5 個銷售日＝32 萬÷33.5＝0.955 萬

第四步：製作每月銷售指標圖，以便對每月目標進行監控。

心得欄 _____

_____

_____

_____

_____

_____

表 4-6 2010 年 3 月每日銷售指標

星期	日	一	二	三	四	五	六
日期 計劃指標 實際銷售 差額		1 0.955	2 0.955	3 0.955	4 0.955	5 0.955	6 1.433
星期	日	一	二	三	四	五	六
日期 計劃指標 實際銷售 差額	7 1.433	婦女節 1.910	9 0.955	10 0.955	11 0.955	12 0.955	13 1.433
星期	日	一	二	三	四	五	六
日期 計劃指標 實際銷售 差額	14 1.433	15 0.955	16 0.955	17 0.955	18 0.955	19 0.955	20 1.433
星期	日	一	二	三	四	五	六
日期 計劃指標 實際銷售 差額	21 1.433	22 0.955	23 0.955	24 0.955	25 0.955	26 0.955	27 1.433
星期	日	一	二	三	四	五	六
日期 計劃指標 實際銷售 差額	28 1.433	29 0.955	30 0.955	31 0.955			

5

提升營業額的四種方法

業 績 提 升 技 巧

提升業績的有效方法：抓住顧客，提高購買率；深挖
潛力，持續拉動銷售；擴大市場影響，推動品牌力度；創
造市場作戰，多元化經營。

一般來說，影響商店營業額的因素有四個：人流量，進店的百分
比，商店的成交率，平均消費金額。

第一，人流量。無論是商場裏的一個商店還是在街邊的一個地
鋪，人流量都是影響營業額的主要原因。有沒有一些大的促銷活動，
是否是節假日，這兩個因素對人流量的多少影響很大。

第二，進店的百分比。客人從門口走過，進店的百分比不高，是
什麼原因造成的？可能是櫥窗的陳列沒有吸引力，或是貨品顏色擺放
習慣不能吸引客人想靠近。

第三，商店的成交率。如果 100 個人中有 60 個人進店了，但只
有 3 個人購買衣服。原因有兩點，一是商品的陳列不能讓顧客有試的
願望，二是導購缺少相應的銷售技巧，為顧客服務的能力不夠。比如
不能根據顧客的長相、氣質推薦他/她感興趣的商品，那麼商品成交
機會就會非常的低。

第四，平均消費金額。商品的價值陳列沒有引導顧客消費高客單價的商品，或開店新員工過多，都會使平均的消費金額降低，從而影響當日的營業額。既然影響營業額的因素有這麼多，就得努力想辦法提高營業額，增加商店業績。

1. 抓住顧客，提高購買率

一般來說，購物的顧客分三種，即老顧客、新顧客和競爭對手的顧客。

要根據三種不同的顧客，有針對性地找出不同的方法來激發他們的購買慾，從而提高商店的購買率。

(1)提高現有顧客的購買率，使他們買得更多

例如，一個女人春夏秋冬去商場的頻率是 8～16 次。如果公司每季上貨頻率是 4 次，即期貨上貨頻率是 4 次，但老顧客只有買走 2 件的機會，你想提高這個購買率該怎麼辦？方法很簡單，向老顧客增加上貨頻率，上貨頻率越高，購買的單件數量就越多。

以前很多公司是春、夏季訂一次貨，現在發展到一個季定 4 次，甚至有的公司每個月訂 4 次。因為提前 5 個月訂貨，5 個月後才賣給顧客，比提前 1 個月訂貨，1 個月以後再賣給顧客的風險更大。所以，作為店長要清楚，提高老顧客購買率唯一有效的辦法是增加上貨的頻率。

但是有一點要注意，如果是做休閒裝或是價格比較低的商品，上貨頻率往往決定老顧客的購買量。做像 LV 這麼貴的商品，上貨頻率太高是致命的，因為 LV 3 年左右才推一次新款，這麼昂貴的東西即使上貨頻率高，大多數顧客也不可能買。

(2)吸引新顧客購買

吸引新顧客購買的方法非常簡單，準備一些價格比較低的、款式

比較新穎的商品讓新顧客嘗試，把它們擺在新顧客容易接近的地方，刺激新顧客的購買慾。通過一兩次的購買，新顧客就能變成重要的老顧客了。

⑶吸引競爭者的顧客，使其轉換購買品牌

吸引競爭對手的顧客最關鍵的是價格。其次是服務，我們要能提供與競爭對手不一樣的服務。再次是以利益誘導，比如買一件襯衣可以送一條領帶，或者送一件 T 恤等。

總之，在商店裏，老顧客是不需要靠打折來吸引的，打折反而會傷害他們對品牌的忠誠度；新顧客要靠促銷款、廉價款來吸引；競爭對手的顧客要靠價格、服務，還有優惠條件來吸引。這三種顧客一週內在商店裏出現的頻率也是不一樣的。

一般來說，老顧客在週一至週五之間光顧都會購買商品，新顧客在週末出現的比較多，競爭對手的顧客在雙方打折的時間出現的比較多。所以店長一定要很清楚，從週一到週日在什麼時間段該做什麼活動，該吸引那種顧客，這樣營業額才會提高。

日本有一個公司的商店舉辦的一個活動非常好。當時有兩個女性，她們覺得這個店的童裝價格特別貴，正在猶豫買不買。這時，一個日本導購看出了她們的猶豫，於是從箱子裏面抽出一個非常漂亮的包，問：「小姐，你覺得這個包漂亮嗎？」她們兩個一看就很喜歡，馬上就心動了，問導購：「這個包可以買嗎？」她說：「不賣，如果買一件衣服就可以贈送一個這樣的包。」結果，為得到那個包兩個人買了 2000 多塊錢的衣服。當然，這也是女性購物的一個特點——容易受小利所驅使。

那個小姐為什麼不把包掛在外面，再寫一個招牌告訴顧客買衣服可以得到這個漂亮的包。她說：「老顧客購買不需要看到利，只有那

些新顧客才需要。我們想給顧客一個驚喜，所以放在外面不如放在櫃檯裏面效果好。」她說的確實有道理，因為不是每個人對利都感興趣，這一點店長要注意。

2.深挖潛力，持續拉動銷售

產品是一個商店的臉面，是決定營業額高低的關鍵。沒有好的產品一定不會有高的營業額，更不會有忠實的顧客，所以要不斷深挖產品潛力，才能持續拉動銷售。

(1)提供新產品

每個品牌在發展的過程中，一定要多為顧客提供新產品。像 ZARA 店，每天的營業額平均在 80 萬元左右，而在另一家 ZARA 店，做得最好的一天營業額可達 300 萬元左右。之所以能有如此高的營業額，一是因為 ZARA 提供新產品的速度非常快，平均幾天就有新產品上市。還有一個重要的原因是，ZARA 店裏的商品品種齊全，不論是休閒、運動、晚裝還是正裝，包括皮帶、包等各種配飾都應有盡有。這就是這些品牌做得非常成功的地方，值得學習、借鑑。

(2)改進產品性能，增加產品的功能

可以很肯定地說，商店裏每一分錢的利潤都是來自於產品，要想增加營業額就必須把精力放在產品的改良上，讓客人經常有新鮮感。例外這個品牌舉辦了一個促銷活動，很有文化味道，整個店的櫥窗裏面貼滿了天使的翅膀。太太們在那裏購物完後，他們贈送了兩件衣服，一件是媽媽可以穿的帶翅膀的衣服，一件是女兒可以穿的帶翅膀的衣服。小女孩們特別喜歡，穿一個星期都不想脫下來。其實，這種創意很特別，只是在衣服上稍微加上一點裝飾，稍微改進一下，就能吸引顧客，獲得源源不斷的盈利。實際上，改良產品比開發新產品的成本要低很多，而且效果也不錯。

⑶增加產品的花色、品種、規格、型號

增加產品的花色、品種、規格、型號，讓顧客有更多選擇，成交的機會才會更大。

3.擴大市場影響，推動品牌力度

擴大品牌影響力有兩個辦法，一個是通過電視、廣播、報紙等做廣告、做宣傳，另一個就是增加商店數量。現在零售終端有兩個趨勢，一是單品牌在一條街上開店的數量越來越多，二是單店的面積越開越大，零售管道正在發生大的本質上的改變。一個做女裝的公司在最繁華的路上開了三家店，並且這三家店的距離都不是很遠，店面一個比一個大。大家都會想在一條街上開那麼多店能生存嗎？後來他們說，一個品牌開的店越多，在消費者心中就越有名，生意也就越好，因為購物有一個很強烈的從眾心理。

有一個義大利的設計師來考察，他問客戶開了多少家店。客戶講，不多，就 1000 家。當時就把設計師嚇得坐到了地上，因為他們開了 50 多年的店，商店還不超過 200 家。但這種策略是合適的，市場大就有這麼大的需求，所以在擴大品牌影響力上，不同的品牌要採取不同的策略，不能盲目跟風。

4.創造市場作戰，多元化經營

ZARA 之所以做得好，是因為從信息回饋給公司，到做成產品，再到在賣場上架，這個過程只需要 9～13 天的時間。很多企業聽說 ZARA 做得好都競相模仿，包括它的裝修、產品等。其實這是沒用的，因為它的核心競爭力不是在產品上，也不是在形象上，而是在它的運作模式上，這是不可以被複製的。比如從設計、選址、經營再到商品投放，ZARA 從不做廣告，它只通過商店的位置，也就是把商店開在最好、最貴的奢侈品 LV、PRADA 對面，這就是最好的廣告。

所以，要提高對消費者的滿足率，就要整合產業鏈，對顧客的需求迅速做出反應。這樣，整個品牌才能做大、做強，整個企業才能夠最終生存下去。

6

容易進入的商店，顧客才易於購買

業 績 提 升 技 巧

商店外部設計平易近人；招牌醒目、易於理解；店內經常保持潔淨，更容易吸收潛在顧客，增加銷售力。

1. 顧客容易進出商店所必須具備的 12 項要件

確保店面適當，容易進入，容易購買：

· 經常保持店面清潔
· 顧客在店面就能瞭解「銷售何種商品的商店」
· 顧客能透視店內
· 沒有門扉較好
· 多個入口較好
· 店面明朗
· 色彩適當
· 通路和店內沒有傾斜或階梯
· 確保屋簷下的高度

- 店面至店內的通道確保寬度適當
- 店面的熱鬧性
- 顧客能感到動心

2.展現容易購買的商店陳列

展現容易購買和容易進入的店面有不可或缺的共同要件。除「清潔」、「明亮性」、「無傾斜」、「天花板的高度」、「熱鬧性」、「動態性」等之外，尚有下列七項要件：

①商品內容或材料應標示清楚，更重要的是標示價格。

②商品的整理與整頓應徹底，使顧客易於觀賞與挑選。

③店內能充分回流，產生磁力效果。

④意識顧客的視線陳列。

⑤在明亮中顯示比較性，訴求商品特徵。

⑥展示商品時，應表現較實物更生動的方式。

⑦使用樣品時，應採用與實際商品無任何差異的方式。

其中，第①項為使顧客決定購買喜歡商品的必備要件，也許不僅如此而已。顧客在購物時自己有預算，故經常以自己的預算比較和決定購買商品，若無比較的價格或材料要件，則必然使機會喪失，若標示價格時，則必項有顯示價值感的價格設定標示。

就第②項而言，若每一種商品陳列雜亂，就無法引起顧客觀賞的興趣；色彩搭配亦為重要因素，集中同色商品以顏色別整理，提高顧客注目程度；以推車堆滿特價品，並非展現尋找樂趣，而是將重點放置於整理、整頓之中。

第③項必與第⑥、第⑦項配合考慮，充分寬闊的通路最低90公分，通路的正面需要產生磁力效果的要件，尤其以聚光燈顯示更為明亮（暖色系使用白熱燈，寒色系使用日光燈的組合，將能使各商品更

鮮豔發亮。）或在通道上面裝飾，或以 POP 防止冷場（熱鬧效果大），都可提高顧客的回流性。

第④項為意識顧客視線的陳列中，高度掌握關鍵，容易觀看的高度為自地面 100 至 180 公分（離開陳列面 50 公分的位置觀看）的範圍。容易觀賞與容易取得的位置並不一致，易取商品的位置 60 至 150 公分（眼睛或伸背的高度），故容易觀賞和容易取得商品的高度範圍為 80 至 160 公分稱之為黃金地區。

第⑥及⑦項亦為要技巧的要件，低價格的商品藉由商品組合與展示方法，使商品顯出價值感，這是表示專家才能的方法。

此外，飲食店的商品樣本，經常有樣品與實物完全不同的情況，此情況絕對要注意，一旦顧客體驗這種情況後，絕不會再度光臨。

心得欄
- -
- -
- -
- -
- -

7

維持商品線完整，才有利於客戶購買

業 績 提 升 技 巧

　　正確掌握市場營運趨勢，維持店　商品線完整，銷售額自然就會提高。

　　感覺商店的銷售額下降時，店長應如何分析呢？

　　首先分析顧客人數減少的原因，可分析銷售額，以「顧客單價×顧客人數」來判定。在此情況下，若提高顧客單價或顧客人數等任一項，就能提高銷售額。因此，銷售額降低時，分析其中任一項即可。

　　顧客人數減少使銷售額降低，可能是商店內商品不完整或缺貨、店內氣氛零亂、顧客不知所需商品放在何處？沒有清潔感、或待客態度不佳等，都會使商店的常客減少。

　　應如何使銷售額提高？那就是增加顧客人數。

　　近來觀察更新的商店，多數指向提高顧客單價。原來以路面從事銷售的商店，在購物中心租用店面時。將忽視原來銷售的商品，而想銷售更高級的商品。結果使原來的常客認為高不可攀，不敢再度光臨，導致銷售額降低。

　　例如，室內裝潢、零售商、一般管理者等，都希望營造良好形象，展望前景良好以提高單價的商店。但無商品完整性的賣場，將使顧客

失去選擇樂趣，形成不易進入的商店。藉營造豪華商店，以提高顧客單價，都是從商店立場而言，並非顧客的意願。

為何顧客人數增加，會使銷售額增加呢？若顧客第一次購物留下良好印象，再經二次、三次的買賣產生更好的印象，而成為本商店的常客。

但前往商店診斷時，應以顧客的觀點發現商店的優點，以增加顧客人數，再以口傳或傳單等向顧客訴求本商店的優點。換言之，增加顧客人數即增加支持人數，再從這些人之中選取最好的常客，則顧客單價自然提高。

一旦變成最佳商店時，顧客人數和顧客單價共同出現上升現象之原因即在此。所謂提高顧客單價，並非對只有 1000 元預算的顧客推銷 1500 百元的商品，而是從 400 元、600 元預算的顧客中選擇 1000 元、2000 元的顧客。因此，在本地區最佳商店或老牌知名度高的商店，就能推銷高單價的商品，因顧客對商店產生的信用有安全感。

1. 商品完整，銷售額就會提高

強化商品的完整性，銷售額就會提高，已成為規則。諸位要買魚肉時，腦海中就會浮現至何家商店購買？此店可能是便宜、安全、或鮮度高、商品齊全的商店。

例如，你在書店買書，而住家附近有書店或車站附近有規模的書店，究竟要選那家？若買雜誌就選住家附近；但若買企業用書或專業書籍，則選車站附近的大型書店購買。但實際到車站附近的大型書店購書時，你會對賣場廣大、書籍種類繁多感到驚訝，產生難以尋找的情況。即使如此，顧客仍然到車站大型書店購買，且不僅買一、二本，而會坦然購買近千元高價的書籍。這是在商品完整的商店購買，所獲得購物滿足感。此外，不經意順道進入的商店，期待能發現自己喜歡

的書籍，即是找過無數的書店，會有發現自己非常喜歡已知的樂趣。

假設諸位站在顧客立場，觀察商品完整的商店時，即能瞭解顧客經常前往此店之原因，故商品完整優良的商店，其銷售額自然提高。

2. 商品完整性的主要標準

強化商品完整性時，應以何為優先順位？可使製造商別的商品完整性或依感覺準備商品等方式，尤其以價格為思考基準。

若希望瞭解價格結構時，可就產品與商品的差異即能理解；產品是製造廠商生產用語，商品則是零售商購買使用的名詞。當顧客購買時，看商品價目表即能與銷售人員討價還價，顧客購物時必然先看價格表以確認價格，故以價格作為主要標準，應從優先順位成為下列情況：

①等級……價格

②對象……年齡

③用途……日常用、正式場所用

④感覺……偏好、心情

強化商品完整性，若考慮壽命週期，則更能正確掌握市場營運活動的理念。

8

是顧客希望前往的商店，才有集客力

 業 績 提 升 技 巧

促銷宣傳成功，設法集中顧客，造成轟動，就能提高銷售額。

A 商店街由大約百家商店所組成，每年九月底全街商店舉辦大規模促銷活動。其目的是希望顧客能前來商店街，1990 年設的特設會場，邀請名演員、市民樂團演出，以及開幕時放煙火。

雖然每年提高 10%的預算，集中顧客人數也在成長，但主辦活動的 A 商店街，其各商店銷售額最近幾年卻無成長。

為何產生此結果呢？若仔細思考此問題，則實在簡單，因顧客到商店街來缺乏購物心情，荷包亦無多餘的錢。

本來以促銷活動為主的企劃，而顧客卻以觀賞之心參加活動，造成顧客「想購物，卻無滿意的商品！」「經常經過，卻不見有商品完整性的好商店，故只得到郊外的購物中心購買！」

位於 B 市的某商店，賣場面積八百坪，在日本是非常興盛的商店。週六、週日店內擠滿人潮，客觀的分析，此商店並未具有特別的商業概念，亦非特別漂亮，店員的待客態度並不親切，收銀台前經常大擺長龍，使顧客因久等而感煩躁。

觀察多數生意興隆的商店，都有很多類似令人驚訝的事例，並非分發傳單，但經常聚集許多人潮，由於顧客太多，可能不被「商店親切招待」，反而被冷落！這是商店應留意改進的地方。

一般集客力的要素，分為下列三項：

(1)第一個集客要素

指商店位置、賣場面積、及信譽等，主要在於開幕時，站在策略觀點的長期性集客力。零售業是以其位置決定興衰，如若在商店的週邊具有強烈的集中顧客要素（如火車站、公車終點站、大型商店及社區最佳商店等），則能從這些要素期待集客力。若賣場面積具有地區最佳規模，則就具有絕對的集客力；此外，具有長久歷史且有信譽的商店，也是無言的集客力。

(2)第二個集客要素

商品完整性形成後，銷售人員待客的好壞，對日常的集客力有決定性的因素。顧客期待商店的商品完整性達 100%而前來，故以商品完整性成為重要的因素。勿使顧客感覺「沒有我需要的商品」或「價格比其他商店高，以後不再來！」

再度光臨是提升集客力的結果，而商品完整性達 100%，則是最大的集客因素。

(3)第三個集客要素

傳單，DM 等是一般的使用方法，近幾年的傳單非常範濫，而認為無效果的人士，除了感嘆外亦無計可施。現在是商品、商店過剩時代，故視其範濫為理所當然。能重視戰勝競爭者的傳單是最大課題；因此，在設計傳單時，就要令其成為促銷的傳單。

上述三種集中顧客要素，第一個集中顧客要素於開幕時已決定，在每日之努力營運中是無法改變的，故現實上以第二次和第二次集中

顧客要素成為每日課題。

後兩種要素密切相關，首先促銷傳單要有暢銷商品準備或賣場的建立，才能集中顧客，且提高銷售額，否則即使集中顧客亦難提高銷售額。並非僅在傳單上刊載商品的內容以及設定售價，而需要傳單本身的標題或圖案、商品數等的比例設計高明，才能集中顧客、提高銷售額，證實 100%的商品完整性，才是最大的宣傳促銷活動。

9

店前人流量少的店，應如何改進

業 績 提 升 技 巧

店前行人流量少的店鋪，恢復生機的方法，是改善商品，設法強化店鋪內的銷售。

店址距離鬧區較遠的店鋪，假使僅以店前所經過的行人為銷售對象，則營業額自然有限，然而若因此在銷售方面變得不積極，則更是一種愚蠢的作法。

使這類型的店恢復生氣的方法，可以「加強外出銷售」來解決，另一重點則是如何強化店鋪內的銷售。

店前行人流量少的店鋪首先應糾正「反正經過店前的人這麼少，不作也罷」的錯誤觀念，因為往來於店前的行人即便再少，也不至於一個都沒有，至少每天會有數百人，乃至數千人經過。因此務必要不

斷地利用展示來向這些顧客作訴求，然而光靠這種作法，事實上也是很難打破現狀的。換言之，也就是還需要另外創意。

「Y鐘錶店」位於每日行人流量只有一千人的地點，但附近的車輛通行量卻非常地高。因此該店便絞盡腦汁，想使開車的客人也光臨該店，於是便在店面前加強對開車客人的訴求，結果大為成功。

該店的店面中央有一寬 1.2 公尺的櫥窗，過去此櫥窗僅展示鐘錶，但因商品體積大小，所以開車的人往往無法看清楚。於是店主便改進展示的方法，以便使駕車者也能看到。這個新穎的展示法就是除了「大道具」以外，還同時展示各種款式、大小不同的鐘錶。

這種展示方式頗能引起駕車者的注意，譬如該店將鍍銀的洋娃娃與商品一起展示，夏天時則展示真實的小型帆船，以便引起駕車者的注意。

又，過去店前掛有 POP 廣告，但因目標太小，無法引起開車客人的注意，所以最近店特別在外牆設計了豪華的資訊看板，以求達到對駕車者的訴求效果。

該店的作法是在面臨馬路的三面牆上設置提供與該店商品有關之資訊看板，以及暢銷商品、特價品等的商品介紹，由於這種看板除了美觀、突出之外，還具有提供資訊的功用，因此顧客注視看板的比率便大為提高。

Y鐘錶店以上述方法吸引從店前經過的行人，以及駕車經過該店的客人，結果使該店的營業額大幅提高，此即運用創意而成功的例子之一。

店前行人流量少的店，有必要像Y鐘錶店般設法引起開車客人的注意，這一點雖十分重要，但另外還有一個也很重要的問題，即如何解決停車場的問題。

如果停車場是新設或增設時，就應考慮到成本增加與所增加的銷售額之間的平衡。

假使預期的銷售成長額比增設停車場的成本高時，就應注意下列事項：

1. 停車場的人口應在一百公尺前就能看到。從看到入口後減速行駛，到開入停車場之前，至少要讓駕駛者於一百公尺前看清楚，因此最好能設置具有引導功用的看板。

2. 路面不能有段差，段差一旦超過十公尺以上時，必定導致車輛不易出入。

3. 需注意距離十字路口五公尺以內的地方，禁止設置停車場的出入口。

位於郊外馬路旁的店鋪容易設置停車場，但行人流量多的馬路邊店鋪則十分不易。設置停車場最重要的是如何有效地利用小面積，發揮大功效。

最近美國出現一種新穎的銷售方式，這種方式是顧客可把車輛直接開進店鋪，亦即顧客可先用電話訂貨，數小時以後就可以開車到店中領取商品。

目前日本的麥當勞已成功地採取了這種銷售方法，美國的食品超級市場更是早已採用這種模式。

這類食品超級市場採取會員制，每名會員只需支付二十美元就可獲得一份產品目錄。顧客透過目錄介紹，電話訂購自己所需的用品，二小時以後，便可隨時前往店裏拿取自己所訂的貨品。

領取貨品的流程是，顧客先把車輛直接駛入停車場，然後報出會員號碼，店方就會告知顧客把車開到規定領取商品的視窗，接著支付價款，即可將貨品取回。

即使囿於種種因素而無法採取此種制度，還是可運用創意提出類似此制度的方法。

譬如「H 照像器材店」，該店的客人特別多，然而店前卻無停車場的設備，於是該店便於店前掛了一塊看板「請光顧本店的顧客按喇叭通知，本店隨即會派店員專門為您服務。」因此這家店顧客便可不必下車，而在車上直接購買商品，極為便利。

心得欄

10

營造熱鬧氣氛的陳列銷售

業 績 提 升 技 巧

　　商店的陳列或促銷，只要營造出熱鬧氣氛，就能帶動
銷售業績。

　　每逢年終歲末，日本東京上野區的大街小巷，總會擠滿人潮，採
購應景的年貨，氣氛相當熱絡，為數百萬的群眾喧嘩無比，喇喝之聲
此起彼落，一片沸騰。此間不論店鋪規模大小，商人個個忙裏忙外，
出入補貨，儼然已和商場的顧客打成一片。

　　這種熱鬧非凡的景象，不由得使人聯想到臺灣、香港各地春節前
搶辦年貨的情形。一般來說，簇集的人群前往購物，正是做生意的老
闆們夢寐以求的，因為只有顧客不斷湧進，才是生意興隆最有利的保
證，進而才可以大賺錢。

　　開店的地點選擇非常重要，若非位於鬧區或市中區，生意必然冷
冷清清，以致無利可圖。因此，每家店鋪的老闆莫不處心積慮，想盡
各種方法使店面門庭若市，店內高朋滿座。

　　在臺灣地區，每逢週日和節慶、年假，臺灣各地的遊樂區、風景
名勝和廟宇地，總會出現大批的人群，顯得特別擁擠和熱鬧。至於鄰
近的餐廳、旅館，自然也會連帶受到好處，獲得更多的利潤。

位於日本神奈川縣的鶴岡八幡宮，建築宏偉，遠近馳名，每年前往膜拜的香客為數相當可觀，尤其逢重要的節日更是人滿為患。而鄰近的「麥當勞分店」，會拜絡繹的人群，締造該店世界連鎖經營的最高業績。

這個特別的記錄是產生於某年元旦當天，該店的一天營業額高達六、七萬元左右，光是販賣出去的漢堡數量就相當可觀。然而就業者本身的能力來說，創造佳績的最大意義，應該在於如何以充裕的人力、物力為顧客服務。

就一般的店鋪而言，假如顧客太多，無法提供服務，最後只好掛出「今日售罄，明日請早」的告示牌，致上無限的歉意。

不過若因顧客過多，而店裏卻無商品可賣，在不得已的情況之下，掛出「打烊」的牌子，損失一次原本可能大賺一筆的機會。為了彌補業者的缺憾，達到高出預算的業績，不妨事先做好週全的準備，等待大批的顧客上門。

另外還有一種最令業者痛心的是，即使店鋪面前人潮始終不絕，但是店內卻是冷冷清清，形成強烈的對比，很多業者因而怨聲載道。

所以，如何才能使店面前的人群，轉而走入店裏，造成搶購的熱潮，應是業者經營店鋪的重要關鍵。日本仙台的中元節慶為東北三大祭典之一，每年總有數以萬計的人群從各地湧入，造成當地難得的熱鬧景象，不過令人奇怪的是，附近店鋪的營業額卻一直無法攀升，不能締造更多的利潤。

因為這些店鋪前面堆積如山的商品，往往給人一種滯銷貨物的感覺，連帶無法引起顧客的購買欲，甚至不屑一顧。

藉由節慶招來的聚集人群，有些確實達到業者趁機牟利的理想，有些依然默默經營，並無太多的利潤可得，其中原委有待進一步的探

究。

日本本州東北方有一家著名的化妝品公司,每逢節慶期間都會舉行特賣活動,其中還有一項特別的服務,是讓所有的女性顧客自由試用各式各樣的化妝品,直到滿意才購買下。

該店所提供的試用品,並非一般的樣品,而是正式的商品。同時店裏還有幾座化妝台,以及專業人員一旁講解,為顧客們提供完善的服務。有時現場也會舉辦相關的美容講習會,招請專家蒞臨指導,接到郵寄廣告的小姐們以及前往參觀的好奇者,就會按時前往赴會,擠得店面水洩不通,非常熱鬧。

還有一家鐘錶店為了推銷年輕人所戴的潛水錶,遂於店面前特意舉辦了一項表演,這個表演是把一支具有防水性能的潛水錶,結結實實的放在冰塊裏,然後宣稱若有人能在五分鐘內,把冰融化取出手錶,就以該錶相贈。此語一出,當然立刻招來圍觀的人群,其中不乏能者之士,彼此較量一番,爭取廠商所提供的贈品。

據說這家鐘錶店營業額也因此大幅攀升,銷售數量也提高到目標的兩倍左右,成績相當可觀。

另外,日本一家「Y 運動器材店」,由於地緣特殊,每年總有一次盛大的拜拜活動,因而吸引四倍於平日的人群前來參觀,該店為了爭取顧客上門,遂於節慶期間盛大舉行拍賣大會,推銷各種新型的產品,同時附贈精緻小巧的紀念品。

至於有些店鋪的地點雖然位於都市的鬧區,然而生意卻是未盡人意,令人百思不解。有一家店鋪決定大幅改善業績不振的劣勢,想出招攬顧客的方式。這家店鋪的場地非常之大,深達四丈左右,為了吸引顧客走入店內,遂於店內設置幾座抽獎機和電動遊樂器,而使店前走動、逛街的人潮,趨步而入,連帶掀起店裏熱鬧的氣氛,順便選購

店裏的商品。

　　總而言之，招攬顧客的方式非常之多，只要善用巧思，便不難想出吸引人潮的絕招，此外，業者也不能一味滿足於現況，應該隨時打聽市場的動態。

　　又如日本關西地方的某家服裝公司，每逢重要的節日時，就會重新佈置櫥窗，同時舉辦時髦好看的服裝發表會，由於活動固定而頻繁，當地人們早已耳熟能詳，視為盛事而前往捧場，如此便能吸引大批的顧客。

　　　心得欄

11

有計劃的促銷活動

業 績 提 升 技 巧

促銷成功與否，與商店業績息息相關；零售業的促銷必須要有計劃、有目的，不僅要制定商品促銷計劃，還要制定年度、季、月促銷計劃。

零售業的商品促銷活動要有計劃，有目的地進行；公司應設置促銷計劃部的機構，其主要任務之一就是制定商品促銷計劃，制定年度、季、月的促銷計劃。

促銷計劃的具體內容包括：促銷活動的次數、時間，促銷活動的主題內容，促銷活動的供應商和商品的選定、維護與落實，促銷活動的進場時間、組織與落實，促銷活動期間的協調，以及促銷活動的評估等，必須提前做計劃。

1. 提前一年做計劃

⑴促銷計劃是商品採購計劃的一部份。促銷（計劃）部，作為公司採購部的一個下屬職能機構，其作用相當重要。因為，商品採購計劃當中銷售額任務的 1/2 是由它來完成的。因而，在商品採購合約中，在促銷保證這一部份，要讓供應商作出促銷承諾，要落實促銷期間供應商的義務及配合等相關事宜。

⑵商品促銷活動是一種必須提前較長的有計劃的活動。通常，促銷部要提前一年做好商品促銷計劃。一般情況下，公司在每年 11 月份與供應商進行採購業務談判，簽定下一年的合約。而採購業務談判是按照商品採購計劃、商品促銷計劃和供應商文件來進行的。所以，在 10 月份以前，即提前一年，公司就應做好下一年度的商品促銷計劃。

在做促銷計劃時，以超市企業而言，需要注意以下兩點：

① 促銷計劃可以由粗到細，但是一定要制定架構。

② 按照不同的超級市場業態模式，確定不同的促銷活動次數和間隔時間。

就超市公司而言，應該要求其主力商品的供應商每個月做一次促銷活動。例如，某超市公司有 1200 個主力商品，1200/12 得 100 種商品，100/4 就能算出每週有 25 種主力商品，這個數目完全夠做一次商品促銷活動。

⑶要求大供應商提供下一年度的新產品開發計劃和產品促銷計劃。實際上，公司的商品促銷，是供應商促銷活動的一種有機組合。先請供應商做好商品促銷計劃，在此基礎上，商店再進行組合。

凡是新產品或是第二年要重新訂合約的商品，公司都應該讓供應商拿出促銷計劃。然而，如果公司有 100～200 家供應商商品同類或者缺乏主力商品，那麼公司就很難做到這一點。所以，千萬要切記：

儘量不與沒有促銷計劃的供應商做生意；做第二年計劃時，要讓供應商，特別是品牌和大供應商提供其所供應的各種品種商品的整體促銷計劃。

⑷按季節和節慶假日，編制促銷項目計劃。不同的季節和節慶假日，顧客的需求和購買行為會有很大的改變，一個良好的促銷計劃應

與之相配合。

不同的季節應選擇不同的促銷項目，例如，夏季應以飲料、啤酒、果汁等涼性商品為重點；冬季則需以火鍋、熱食等暖性商品為重點。而重要的節慶假日是促銷的最好時機，如果善於規劃，便能掌握商機，爭取績效。

2. 提前 1 個月做促銷項目實施計劃

在採購合約的促銷保證部份，應要求供應商在收到公司促銷活動通知之後，保證提前 1～2 個月作出具體的促銷配合事項的條款。例如，在合約上寫清楚，供應商每個月都要做一次促銷活動。

(1)促銷項目實施計劃主要包括三個方面：

①選擇具體的商品。

②選擇促銷形式，是公關促銷、服務促銷，還是賣場促銷，等等。如果選擇賣場促銷，那麼要確定採取那種方式，是特價、贈品還是新產品推薦。

③將促銷計劃交給採購人員，由其落實有關細節。

(2)採購人員落實項目實施計劃的有關細節：

①落實好促銷品種、價格、時間、數量、POP 廣告形式和堆頭的費用承擔。

②由門店管理部/營運部實施賣場的組織，包括：貨位預留、賣場布置、人員配置、POP 廣告張貼。

③落實促銷商品的配送管道，是由供應商直接把商品送到門店，還是由公司的配送中心配送。前者主要用於大賣場的貨物配送，後者在配送中心配送的過程當中，需注意預留庫位、組織運力、分配各門店促銷商品的數量等幾項工作的實施。

④促銷活動進行期間的協調與控制。

⑤進行促銷評估。其主要方面有：促銷商品是否符合消費者需求，能否反映商店的經營特色；促銷商品的銷售額與毛利額；供應商配合是否恰當、及時；公司自身系統中，促銷計劃的準確性和差異性，總部對門店的配合程度，配送中心是否有問題，促銷商品的選擇正確與否，門店是否按照總部促銷計劃操作。

12

確定你的促銷目標

業 績 提 升 技 巧

零售業進行商品促銷活動　，必須要有明確的促銷目標，例如增加購買量、吸引顧客量、鞏固老客戶等。工作有目標，進行才順利。

零售業進行店鋪促銷時必須要有明確的目標，只有這樣才能有提高促銷的效果。零售業促銷的目標不外乎以下幾個方面：

1. 增加商品購買量

如果某種商品已經在消費者心目中確立了一定的地位，那麼其銷售量或者消費範圍相應也就被確定在某一範圍內。這時如想進一步擴大商品銷售規模非常不容易，而且通過廣告促銷既不合算，也不一定有效。

但是，如果零售業能夠和生產企業聯合，通過店鋪促銷來說明該商品的新用途和附帶用途，則可以擴大消費領域，或者增加銷售量。所以，店鋪促銷活動在一定範圍內可以補充廣告活動的不足，大幅度增加商品的銷售量。

除此之外，店鋪促銷活動還具有以下兩方面的效果：

⑴由於消費者手中還有足夠的商品可以使用，因此他們在一定時間內會持續使用本商店出售的商品，從而成為本商店比較固定的消費者。

⑵由於消費者已經購買了足夠使用的商品，這時即使競爭商店開展促銷活動，他們也不會感興趣，從而在一定程度上削弱競爭對手促銷活動的效果。

現在，許多超級市場，尤其是倉儲式超級市場經常向消費者發放各種店鋪促銷的廣告宣傳彩頁，在上面將各種特價銷售的商品的圖片全部展現出來，有時還標明原來的銷售價格，好讓消費者明白商店向他們所讓出的利潤，其目的就是為了增加消費者購買商品的數量，並且有效地削弱競爭對手的促銷活動。

2.吸引新顧客

根據一般情況，零售商店的廣告促銷是用來建立顧客對商店的忠誠度的，而店鋪促銷則是用來破壞顧客對品牌忠誠度和產品忠誠度的有效方式，也是零售業吸引新顧客的有效方式。

零售業的營銷策劃者，利用店鋪促銷來吸引的顧客包括三種類型：

· 經常光顧同一商店類型中其他商店的消費者。
· 經常光顧其他類型商店的消費者。
· 經常轉換商店來購買商品的消費者。

　　店鋪促銷主要是吸引第三類消費者，即那些經常轉換商店購買商品的消費者，因為對於經常光顧某些固定商店的顧客來說，他們並不容易受到店鋪促銷的影響或誘惑。而那些經常轉換商店購物者在購買商品時，主要追求低廉的價格、良好的產品質量和銷售獎勵。因此，店鋪促銷不可能將其轉換成忠誠的商店顧客，但顯然可以吸引他們一次購買促銷商品。

　　不過，在經營特色高度相似的市場上，店鋪促銷顯然可以在短期內產生強烈的銷售反應，吸引新顧客前來購買商品，但卻不能獲得長久的好處和盈利。在經營特色具有高度差異性的市場上，店鋪促銷可以在較長時間內改變商店的市場佔有率。

　　美國市場營銷專家在對 2500 名速溶咖啡的購買者進行調查研究後，得出了如下結論：店鋪促銷在零售業的銷售中引起的顧客反應要明顯比廣告促銷快。

　　·由於店鋪促銷主要吸引那些追求優惠的顧客，這些顧客只要能夠獲得交易優惠，他們就會不停地轉換商店，因此促銷不會在成熟的市場內產生新的、長期的購買者，但有利於吸引那些追求優惠的消費者。

　　·即使在競爭性促銷的情況下，那些忠誠於商店的顧客也不太可能改變他們的消費習慣，不會轉轉去別的商店。

　　·廣告促銷一般可以提高顧客對某一商店的忠誠度。

　　由此可知，如果某個零售業經常利用價格來開展店鋪促銷的話，顧客就會認為它是專門銷售廉價商品的商店，而將其出售的商品作為處理品來購買，這顯然不利於零售企業提升自己的市場形象。

　　日本食品界有名的「普利瑪火腿」就是根據地理因素來細分自己的促銷市場的。這種火腿於 1984 年年底開始推出，連產品名稱也充

滿地區色彩。該生產企業在日本各地分別設廠，使用當地的原料製成火腿，在產品上標明這項服務宗旨，銷售地區也限定在生產地區，目的就是希望創造與其他公司不同的特色。

因此，與大批量生產的火腿不同，「普利瑪火腿」對於每個地區的消費者來說，都具有獨特的意義，因為每個地區的火腿都是專門針對該地區消費者的口味進行設計和生產的。

結果，市場反應奇佳，「普利瑪火腿」受到了各地區消費者的廣泛歡迎。

如果某一零售業經營的商品所採用的促銷時間超過其一個銷售年度（或季）的 30%，這有可能給顧客留下「處理品」的印象。那些在零售企業中居於領導地位的商店和挑戰性的商店很少採用降價銷售的手段進行促銷，因為這類促銷方式只能吸引暫時的顧客。

而對於那些定位於追隨型的商店和拾遺補缺型的商店而言，店鋪促銷有利於提高其市場佔有率。因為這類商店的經營者負擔不起與領導型商店、挑戰型商店相匹敵的廣告費用，如果不採取價格折讓，就難以將商店的商品推銷出去，折價銷售對這類商店來說則是一種有效的促銷手段。

第二次世界大戰之後，美國一家首飾專賣公司為了打開美國的玉墜項鏈市場，針對本國的消費者，也就是自己的目標市場進行了詳細的調查，結果發現美國消費者分為以下情況：

· 第一類消費者想以最低的價格購買到可以用來裝飾打扮自己的玉墜項鏈，並不注重項鏈的款式和色澤等因素，佔所有消費者總數的 45%。

· 第二類消費者想以較高的價格購買到款式新穎、色澤動人的玉墜項鏈，希望以此來顯示自己的高貴典雅，他們佔到所有消費

者總數的 35%。

- 第三類消費者希望購買名貴的玉墜項鏈,他們購買玉墜項鏈往
  往用來作為禮品,追求象徵性和感性的價值,這類消費者佔總
  數的 20%。

當時,世界上幾家著名的首飾公司都是以第三類消費者群體作為
自己的目標市場,而佔美國 80%市場的第一類、第二類消費者卻被他
們忽視,他們的消費需求還遠遠沒有滿足,還沒有那一家首飾公司明
確地表示為這一市場服務。

美國這家首飾專賣公司發現這個良機後,當機立斷,立刻選擇了
第一、第二類消費者群體作為自己的目標市場,迅速進入,並且採取
了有利的促銷手段,結果很快使市場佔有率大大提高。

3. 留住老顧客

零售業在開展店鋪促銷時,如果能夠為顧客提供超出其預料的優
質商品,那麼這位老顧客為該商店所創造的利潤將會是十分可觀的。
據專家研究,零售業爭取一位新顧客所投入的營銷成本,大約是留住
老顧客所需要的營銷成本的 3～5 倍。假如顧客重新購買商品需要很
長時間,或者商品的價格很高,以及顧客要為更換品牌和購物場所付
出高昂的代價時,上述這兩種成本之間的差異就會更加明顯。

因此,《追求卓越》一書的作者彼德斯指出:忠誠的顧客——不
至於因為服務不佳而丟失的顧客——會在他們一生與企業往來的期
間,不知給企業帶來多少生意。

在美國,零售業的老主顧會在 10 年之內平均購買 5 萬美元的商
品。忠誠的顧客提供給零售企業 3 倍的回報,他們會主動再來購買,
從而使得在他們身上投入的營銷和銷售成本比招徠新顧客所投入的
成本要低得多;而且忠誠顧客的購買量也比其他顧客要多得多。

據美國一家調查公司在調查中發現，顧客從一家商場轉向另一家商場進行購物，10 個人中有 7 個人是因為商店的服務質量問題，而不是因為價格問題。同樣調查顯示，如果零售店的服務員怠慢一位顧客，就會影響 40 個潛在顧客，而一個滿意的顧客會帶來大約 10 筆生意，其中至少會有 3 筆能夠成交。

因此，零售業在日常經營中，應注意充分利用店鋪促銷活動的功能，提高服務質量留住老顧客，培養商店的忠誠顧客，使他們不但成為企業未來銷售收入的主要來源，而且使本企業在銷售業績上領先於競爭者。

4. 擴大企業的知名度

零售業的店鋪促銷活動不僅僅是為了擴大商品的銷售量，吸引消費者前來購買商店所銷售的商品，同時還是為了擴大本企業在市場上的知名度。

當然，零售業如果想通過店鋪促銷活動來擴大自己的市場知名度，還需要開展其他的提升企業形象的活動，例如進行 CIS 設計、進行廣告宣傳、適當開展社會公益活動等等。只有將這些活動有效地結合起來，那麼擴大企業市場知名度的目的也就很容易達到了。

有一家美容院為了吸引顧客，在店門口貼出海報，上面寫道：從今天起，凡來本店洗頭者，都贈送大瓶洗髮水一瓶。由於一瓶洗髮水 200 元左右，洗一次頭 60 元，顧客一看覺得很合算，因為自己在這裏洗一次頭只需要付 60 元，卻可以得到 200 元的禮物，反而賺了 140 元，因此前來洗頭的顧客絡繹不絕。

當顧客前來洗頭時，這家美容院果然給每位初來者贈送了一瓶 200 元的洗髮水。但是在顧客洗完頭之後，美容院要求顧客將洗髮水存放在美容院裏，服務員可以替顧客在瓶子上貼上標籤，並寫上顧客

的名字，為顧客妥善保管，專人專用，今後每次顧客來洗頭時都用他存放在這裏的洗髮水。

一大瓶洗髮水準均可以使用 40 次，每次洗髮需要 60 元，美容院送出一瓶洗髮水之後，一般就可以拉到一位比較穩定的顧客，獲得 2400 元的營業收入。而一大瓶洗髮水的進貨價只有 100，實際上美容院還能夠賺 2300 元。

美容院的這種送禮促銷，真可謂「禮輕情義重」，僅靠一瓶洗髮水就「俘獲」了許多顧客，使他們成為美容院的常客，美容院則借此機會大賺了一筆；同時，還擴大了自己在顧客中的影響，提高了美容院的知名度，起到了一舉兩得的功效。

提高來客數的案例（一）

某商店位於住宅區及小學旁，顧客以學生、青少年和上班族為主，附近有超市及平價中心的競爭，為求來客數的增加，特擬辦促銷活動。

(1)促銷方式：準備 0 至 9 的 10 個阿拉伯數字的球，放入一紙箱中，當顧客結完帳時摸出箱中 1 顆球，若其號碼和開立發票號碼相同，則以所購買金額的 9 折付款。若消費者願意再摸第 2 顆球，其數字又與發票號碼十位數相同，則打 8 折；若不同，則連 9 折也不能打。依此類推，折數以低至 5 折為主，資格限定為購物滿 50 元者方可參加。

(2)實施期間：15 天，並選擇店中人潮較少時舉行，以達到吸引人潮的目的。

(3)執行的配合：事前教育店職員記錄每次的摸彩結果，以便

統計參與人數及結算帳款費用。另外繪製 POP 張貼在櫥窗及櫃檯區，以吸引消費者前來。

(4)**成本效益估算**：這部份較難以估算，POP 及遊戲器具可能需數百元，另外在執行及結帳時，會增加人工。至於顧客所贏取的利益，及因來客數增加店方所獲利益較能估算，建議可依第 1 天實施情況來推算。

提高客單價的案例（二）

某店開幕已一年，客單價未見提升，為求有效改善，首應汰換滯銷品，改賣較高客單價的商品，於年節推出精美的禮盒販賣，並不定期間配合抽獎活動。

(1)**促銷方式**：以週年慶抽獎大贈送為名，凡購買滿 200 元者即可獲一張摸彩券，填寫上姓名、住址等資料後，投入摸彩箱內，店方將擇期公開摸獎。獎品約 20 項，大至收音機、床頭音響，小至香皂或零食，儘量提供店中商品當獎品，獎額在 200 名左右。

(2)**促銷期間**：以一週為宜。

(3)**執行時的配合**：可製作海報張貼、DM 散發或店職員的口頭面銷。

(4)**成本效益預估**：把欲提供的獎品及 DM、海報的製作費合計之後，其金額以不超過 2 萬元為佳，則此促銷案方不致於虧本。

13

要掌握促銷計劃因素

 業 績 提 升 技 巧

一個良好的促銷活動，要考慮到相關因素，諸如季節、月份、節慶日、行事以及商品特性、促銷主題、促銷方式、宣傳媒體、促銷預算、政府法令限制等等。

顧客的購買行為深受天氣、節慶日、行事、促銷活動信息及競爭店活動所影響，故一個良好的促銷計劃應考慮季節、月份、節慶日、行事、商品、促銷主題、促銷方式、宣傳媒體、預算、法令及預期效益等因素。茲分別說明如下：

1. 季節：一般業者通常依月份別，將一年分為四季，春季自 3～5 月，夏季自 6～8 月，秋季自 9～11 月，冬季自 12～2 月。商店由於販賣品項以食品為主，天氣的冷熱對各類品項銷售好壞有立即的影響，例如，一旦遇到天氣差，銷售額往往會降低 10%～30%。所以必須再根據臺灣亞熱帶氣候的特性，將一年概分為二，暖季自 5 月-10 月，而寒季則自 11 月-4 月，以此作為重點販賣品項的依據，並且作為調整商品販售的參考。

若促銷活動是在暖季舉行，則以飲料果汁、乳冰品等清涼性商品為訴求重點；若是在寒季舉行，則以火鍋、熟食、冷凍食品等暖性商

品為訴求重點，否則將會影響促銷效果。此外，臺灣特有的梅雨季（5月至 6 月）及颱風季（7 月至 10 月），若能預先配合其天氣特性，掌握顧客需求，進而搭配合適之促銷活動，必可創造銷售佳績。

2. 月份：商店營業額一般都會受到天氣、納稅、假期、開學等因素影響，若促銷活動能針對營業淡季的特色，提出創新的促銷法，而非一味地舉行商品特賣，必有利於淡季時的業績提升。而在旺季時如何使顧客買得更多，以彌補淡季的不足，也是促銷計劃應考慮的因素。

3. 節慶日：重要的節令，往往是很好的促銷賣點，亦屬促銷計劃中的重要考慮因素，不可輕忽。以求掌握商機，爭取績效。

4. 行事：商店是生活立地產業，故必須滿足商圈內顧客需求的食品、用品，對商圈內會影響營業的生活行事，如政見發表會、民眾遊行、聯考、學校旅行、放假、考試運動會、停電、停水等，均須事先予以收集情報，以作為促銷規劃之參考。

5. 商品：顧客來賣場就是要買商品，故促銷商品的品項、價格是否具吸引力，將影響促銷活動的成敗。所以應針對季節變化、商品銷售排行榜、廠商配合度、競爭店狀況等因素加以衡量，選擇最適合的促銷商品。

6. 促銷主題：促銷訴求之主題，往往有畫龍點睛的震撼效果，故應針對整個促銷內容，擬定具有吸引力的促銷主題。

7. 促銷方式：促銷活動是促銷案的主體，亦是吸引顧客上門的主因，應精心設計。然而促銷活動層出不窮，故應妥善安排，避免活動陷入價格競爭戰之中。

8. 宣傳媒體：當連鎖店有多個時，可以考慮採用電視、報紙、廣播等大眾媒體。若為獨立店或店數較少的連鎖體系，則因受預算、店數、商圈等因素限制，其促銷廣告通常用宣傳單、紅布條、海報、POP

等媒體。

9.預算：所謂「巧婦難為無米之炊」，有經費才好辦事。故預算多少？來源如何？是自費或廠商贊助？在規劃促銷案時應先予確認。

10.法令：促銷活動之實施，要注意稅法之規定，即贈品超過 2000 元，須繳 15%之稅金，公平交易委員會對零售業慣用的促銷手段是否有違反公平法之嫌，已有下列規定的判斷基準，在規劃促銷時，要特別注意公平會最新的解釋，以免觸法。

(1)不實標價：

①虛構原價，例如原價 100 元之商品，卻標示「原價 150 元，特價 80 元」，即屬虛偽標價。

②標明「批發價」，而售價卻與一般市價無異，即構成「虛偽不實」。

(2)折扣促銷：

①全面 X 折，若被查獲得未打 X 折之商品，即觸犯公平法。

②X 折起，如多數商品未達 X 折，則亦因帶有欺騙行為，也是觸犯公平法。

⑶抽獎（摸彩）：准許業者在特殊節度（週年慶、開幕、春節、中秋、端午）舉行，並在獎額上加以限制。

⑷附贈品販賣：不論是「買 1 送 1」、「買 2 送 1」等，均可認定是各種折扣競爭範圍，不違反公平法。而免費贈品者若是借宣傳之小額物品或依商業習慣認為適當者，均不違法。

⑸貴賓卡優待：持卡消費者並非公平法所規範之對象，不違反公平法之差別待遇問題。

11.預期效益：促銷的目的，就是為了提高來客數或提高客單價以增加營業額，故應事先預估實施效果，以作為日後評估績效之基準。

14

商店促銷活動的檢討改善

業 績 提 升 技 巧

對商店促銷活動進行檢討，針對不足處加以改善，是加強服務品質、提升促銷業績的有效途徑。

1. 鎖定促銷目標

散彈槍打鳥，十發出去，也許打不到一隻鳥，鎖定目標，十發出去，絕對不可能一隻鳥也打不著。

所以，鎖定目標便成了很重要的促銷前置作業。促銷無非是想提升業績，而提升業績的動機絕大部份來自業績滑落、業績目標無法達成。

針對業績滑落、目標無法達成分析原因，再針對其原因(最重要的原因)鎖定其方向，實施促銷手段，如此命中率才高，否則，白白浪費許多經費，卻達不到預定目標！

業績＝交易次數×客戶單筆購買金額

當業績滑落時，第一階段當然是思考，是交易次數滑落，還是客戶單筆購買金額減少。

如果是交易次數滑落，針對其滑落做交易次數滑落「要因分析」。如果是客戶單筆購買金額滑落，針對其滑落做「客戶單筆購買金額滑

落要因分析」。

表 14-1　交易次數滑落原因分析表

DM 數量減少	商品、專櫃結構弱(如非暢銷品、顧客買不到想要的商品、同值性高及沒有獨特商品)
SP 策略錯誤，不吸引人	價格力弱(競爭店價格力強)
店鋪力弱，動線差，賣場活性不夠	商品缺貨
服務差	商圈內競爭店成立或競爭力增加
其他(如天氣、考試、沒落商圈)	人口逐漸消減中

表 14-2　客戶單筆購買金額滑落原因分析表

價格不吸引人	專櫃成交率低
商品組合弱	商品不吸引人
缺貨最嚴重(尤其 DM 品)	POP 是否具備
暢銷商品位置非最佳化	服務差
其他(如所得變化、無法刷卡)	特賣氣氛差

當然，促銷動機也可鎖定其他目標，諸如：

⑴提高毛利率。

⑵提高毛利額。

⑶針對某種產品做印象式促銷。

⑷完全激戰品，促銷動機是為了打敗競爭店。

2. 擬訂促銷計劃

根據所設定的目標，考慮促銷費用、選擇合適的廣告媒體；考慮氣候節令，選擇合適的促銷主題；考慮競爭店狀況，選擇最佳的促銷時間。因此，當在擬訂促銷計劃(如提案)時，須注意以下幾點：

⑴ SP 內容須是有效的。不管是商品組合，或是互動式活動，都必須鎖定促銷目標，依照目標延伸出來的內容，才是有效的 SP。

⑵時令是必須考慮的。促銷內容務必配合節令，如春節期間推出「春節禮品展」，情人節推出「情人節禮品」，父親節、母親節推出「父親節禮品展」及「化妝品大回饋」。年終、中秋節、端午節當然也得推出符合節令的 SP 內容。

⑶氣候狀況。臺灣地處亞熱帶，四季不明顯，但冷熱對各種分類商品的銷售有明顯的影響，例如天氣冷時，棉織品、內衣、襪類、速食麵、巧克力、乳液……自然賣得較佳，所以在做 DM 商品配置時，就必須將氣候考慮進去。

⑷主題訴求。配合促銷內容作「精彩」的主題訴求，往往有「令人驚豔」意想不到的效果。例如「放春價」、「夏日折扣」。

⑸廣告媒體。一般來說，全區域性或大區域的大型連鎖店或獨立店，往往會採行全國性的廣告媒體，例如電視、全版(區)報紙……社區域型的獨立店或小型連鎖店，一般採行 DM 郵寄會員或派、報紙夾頁的方式，當然電臺廣告也是一種不錯的媒體，尤其是社區域性的獨立店、連鎖店。

⑹預算。毋庸置疑，這是必須加以注意的。一般來說，促銷費用和業績之間有一定的比例，所以在擬訂促銷計劃時，就必須先瞭解經費多少，以便做最有效的規劃。

⑺效益評估。做完每一檔活動，都要去評估其效益如何，如果花這麼多經費下去，實際上卻達不到預定的目標業績，就必須去評估，到底那裏出了問題。

⑻其他。例如有關公平交易的法規，當季特殊商品……

3.促銷計劃的執行與檢討

促銷計劃擬訂後，就必須通知會各相關部門。各相關部門開會研討實施計劃，促銷後針對促銷效果加以檢討，如此才可避免重蹈覆轍。

(1)促銷活動計劃流程

一般而言，促銷活動是每月 1～2 次，每次活動開始有一定的計劃流程，在一定的期限內務必完成各自負責的工作，否則環環相扣的工作計劃會因幾個部門的延遲而導致無法完成促銷計劃內容，延遲活動開始時間，因而錯過假日(節日)，導致業績無法爆量衝高。

圖 14-1　促銷活動執行程序圖

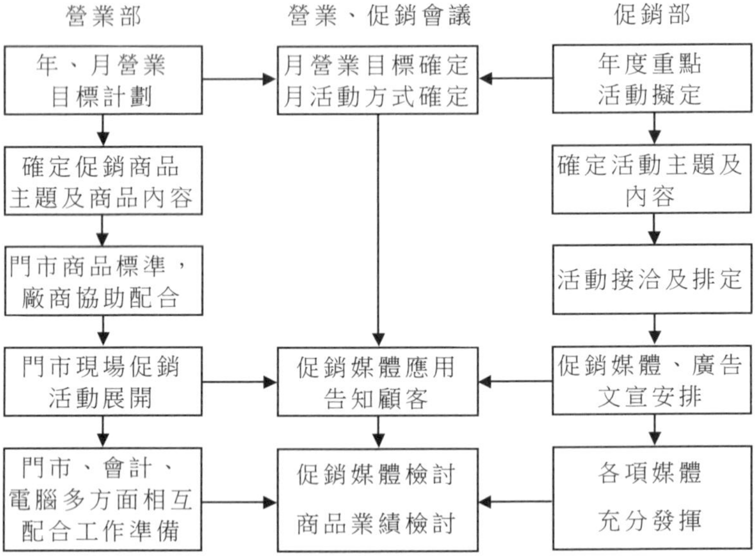

①促銷會議

邀集營業、商品、促銷、管理部等相關部門的相關人員，針對本次促銷內容加以分工。商品部要採購那種分類的重點商品，促銷部要

做那種重點陳列方式，營業部要執行那些重點計劃，管理部要配合那些後勤工作，要如何考查活動效果。

另外各部門主管須互相討論出本次促銷的主題、訴求、促銷時間、商品組合結構、廣告媒體的運用、廠商的配合重點、SP 重點及其他如促銷花招、預算分配⋯⋯

② 商品採購

除了一般促銷商品外，針對本次促銷主題，設定專供區商品採購。當然，若想促銷更具效果，商品價格非常重要。因此，商品採購時，若能將採購條件談至最佳化，促銷的成功率將會大幅提升。

③ 促銷陳列

陳列時必須考慮明顯度，並且配合 POP，才能吸引顧客注意。重點陳列方式如下：

- 檔頭架陳列。利用貨架的頭、尾做準備箱或情境式的「檔頭」陳列，易使顧客注意，且容易拿取。「檔頭」在賣場本來就較明顯，若陳列得適宜，對顧客來說會充滿樂趣，並延長其停放於賣場的時間。
- 大量陳列或堆箱陳列。將促銷品集區陳列，可以造成超低價的震撼力，對於促銷業績有正面效果。
- 三角形定點的陳列。將促銷品陳列於一個大排面的三角位置，可以讓顧客在走到這個大排面的通道時，吸引他的注意，對整個通道旁的排面商品銷售有幫助。
- 花車陳列。利用花車，將促銷商品集中花車區，配合 POP，會對業績有幫助。

④ 促銷重點執行計劃

可以將各部門的重點要求，如商品部的 DM 重點商品，促銷部的

重點專區陳列表現，通過營業部門加以執行。

⑤促銷實施

促銷前三天，必須確定所有 DM 商品會在促銷前一天到達。

促銷前一天，必須將所有陳列物佈置完成。

促銷當日，除了不缺貨、賣場陳列齊備、POP 不缺外，最重要的是要確認電腦價格是否無誤，POP 的價格(DM 的價格)和電腦價格不符，就會造成顧客的抱怨。

(2)成果檢討

促銷前、促銷期間及促銷後，都必須針對此次數、單品銷售業績的銷售數字，是否達到預期目標，其達成率多少，和去年相比是成長還是下降，這些都是成果評估檢討中必須拿出來討論的。

「前車之鑑」可當作下次促銷時的參考，成功的範例也可援用。

通過促銷活動檢查表(見表 14-3)及促銷活動回執條(見表 14-4)，可以得知本次促銷的缺失，同樣可以讓賣場營業人員知道工作重點的優先順序，發揮賣場人效外，也能確保各項促銷品質。

當然，促銷成敗的重要關鍵在於促銷企劃案，是否能很明確地告知各部門工作重點，很精準地掌控時效，很有效果地推出 SP 活動案及所有相同部門、配合事項、時間的工作。

表 14-3　促銷活動檢查表

期間	查檢項目	YES	NO
促銷前 15日	· 商品部是否交稿完成（前 2 週） · 美工部 DM 製作品質及照片價格對稿 · POP、海報、氣氛紙旗、布條的發放及準備 · 定單的郵寄或傳真 · 賣場陳列指示及其他促銷指示 · 前 3 日是否到貨（特價品）		
促銷 當日	· 電腦價格是否和 POP（海報價格）相符 · 是否尚有 DM 商品未到貨 · 賣場陳列氣氛、POP 是否已完善 · 賣場人員對各種促銷內容的認知夠否		
促銷 期間	· DM 商品是否缺貨 · 訂貨是否太慢 · 訂貨量是否太少 · 促銷品銷售狀況瞭解 · 商品品質、POP、氣氛陳列是否持續良好		
促銷後	· 退貨狀況是否良好 · 氣氛低潮，海報是否拆下 · 上檔 POP 是否未撕 2 銷售數字瞭解開心		

表 14-4　超市促銷活動回執條

	店名：　　　　　　　　　　樓長： 活動名稱：　　　　　　　　推出日期：		
		完成之後請簽名	日期
1. 已收到本期的促銷活動計劃表。			
2. 本期促銷商品已經全部變價完畢（包含填寫 　變價表與重新標價）。			
3. 本期促銷商品已向電腦處訂貨完畢。			
4. 在活動推出前 3 天向促銷部門申請製作 　POP，並提供做 POP 所需的商品資料與陳列 　計劃。			
5. 已於促銷活動開始前，收到中央促銷部門所 　送來的促銷報紙夾頁。			
6. 已通知並向本店各單位主管與員工解釋該 　促銷活動（於朝會時講解）。			
7. 收銀員已瞭解並實際看過全部促銷品。			
8. 活動推出當天，賣場已全部陳列佈置完畢。 　包含全部的 POP 懸掛在正確位置，促銷報 　紙夾頁已貼出。			
備註： 　⑴如有未完成之事項，請解釋原因，並註明預定完成日期。 　⑵請於促銷活動推出當日下午 2 點前，將此表傳回總企劃部，如果於活動 　　準備當中遭遇任何問題，歡迎來電反映，或直接告知超市經理與促銷經 　　理，謝謝合作！			

15

因應競爭者的促銷時機

業 績 提 升 技 巧

因應同業競爭特別激烈時，零售業可以推出更富有競爭力的促銷活動，予以壓制，以保障自己的利益。

與競爭對手有關的促銷時機，主要是指由於競爭對手激烈競爭而促使零售業採取的促銷行為。它主要包括以下幾個方面：

1. 當競爭對手積極開展促銷活動時，為了抵制競爭對手的促銷行為，零售業可以開展更加富有競爭力的促銷活動，以保證自己的利益。

2. 當某一地區或某個特定時期，同行業競爭特別激烈時，零售業為了確定在該地區的市場地位，可以開展適當的促銷活動。

3. 當競爭對手的實力非常強大，在市場中居於霸主地位的時候，零售業開展促銷活動，可以借助競爭對手的市場領導效應，獲得自己相應的利益。

以下介紹兩種與競爭對手有關的促銷時機：

1. 抵制競爭對手的促銷活動

企業都處於激烈的市場競爭中，這些競爭對手為了各自的利益而在進行著各種各樣的「無硝烟的戰爭」。

在這種競爭中，零售業要想脫穎而出，除了產品和服務一定要滿

足顧客需求之外，還應該開展相應的促銷活動，以吸引顧客。

當零售業看到自己的競爭對手正在積極舉辦促銷活動的時候，就應該提高警惕，採取相應的對策，以鞏固自己的市場，保證自己的利潤。

在這方面做得較出色的企業，莫過於麥當勞和肯德基，以及可口可樂和百事可樂這兩對「冤家」。對於零售業來說，不妨可以借鑑。

麥當勞和肯德基都是世界上著名的快餐公司，可以說世界上只要有麥當勞的地方，就會有肯德基。在有些大型城市，幾乎每家麥當勞快餐店的附近，人們就可以發現肯德基的踪影。更讓人驚奇的是，只要麥當勞推出一種什麼新的食品，肯德基也就緊跟著推出一種食品來「迎戰」麥當勞。而且兩家快餐店的玩具也都花樣百出，吸引了各個年齡階段的孩子。

再來看可口可樂和百事可樂這兩家公司。作為世界上最著名的品牌之一，百事可樂和可口可樂之間的戰爭幾乎就沒停止過。百事可樂自誕生以後，就一直以可口可樂作為自己的最強大對手。

在市場擴張初期，百事可樂公司就採取跟隨戰略，只要可口可樂進軍世界上任何一個地區，百事可樂就隨後跟進。百事可樂公司因而省卻了一大筆開店的市場調研費用，因此它就將這些費用投入廣告促銷，使可口可樂公司感到了巨大的壓力。

現在，這兩家公司之間的廣告戰更是此起彼伏，例如你方剛剛舉辦流行音樂大會，我方的流行音樂排行榜立即跟上；你請來謝霆鋒，我就請來郭富城、陳慧琳；你出錢贊助甲A足球賽，我就出錢贊助籃球聯賽……雙方一直在較勁，互不相讓，至今還看不出誰輸誰贏來；但是在雙方商戰之時，全世界市場都被他們兩家企業逐一克服，市場擴大了。

其實，競爭對手開展促銷活動並不可怕，只要你時刻保持警惕，在對手採取促銷活動的時候，積極籌措對策，就像麥當勞與肯德雞，或是百事可樂與可口可樂那樣，那麼，你和你的競爭對手不但不會兩敗俱傷，而且會共同促進，並創造雙贏局面。

2. 特定地區和特定時期市場競爭特別激烈

對於企業來說，市場競爭每時每刻都存在，但是對於特定地區和特定時間來說，每個企業所感受到的競爭壓力是不同的。

例如在某些人口集中的大型城市，由於人口眾多，消費購買率大，使每個企業，包括零售業都會想方設法進入這些市場，因此這些城市的市場競爭會更加激烈，也更加殘酷。如果零售業想在這些地方站穩腳跟，除了商品質量和服務要有保證之外，還需要企業加強促銷活動，吸引這些地方的經銷商訂購自己的商品，同時也吸引這些地方的消費者購買自己的商品。

同樣，在不同的時期，企業所面臨的競爭壓力也會不同。具體來說有：

⑴在某些節假日的時候，幾乎所有企業，尤其是各零售商都不會錯過這個大好時機，都會採取各種方式進行商品促銷。

⑵在企業發展初期，由於企業實力較弱，就會感覺到強大的競爭壓力。這時，零售業為了生存和發展，可以利用自己成本較低的優勢，開展市場促銷活動。

⑶當零售業逐漸轉入發展的正軌，實力有所增加的時候，市場競爭壓力不再像從前那麼令人喘不過氣來。這時，零售業可以在個別地區開展有針對性的促銷宣傳活動，爭取局部優勢。

寶潔公司在剛剛進入中國市場的時候，就採取了有所側重的促銷方式。當時，中國洗滌用品市場潛力巨大，企業還沒有完全挖掘這一

市場，競爭只是剛剛起步。儘管如此，寶潔公司也沒有貿然參與這種競爭，而是在做了大量的市場調查之後，將市場首選目標定在深圳、廣州一帶，在中國南方地區採取集中轟炸的方式進行市場宣傳。

在這些地區站穩腳跟之後，寶潔公司又逐漸向其他地區滲透，採取步步為營的方式，鞏固已有的市場佔有率，寶潔公司已經成為中國市場上最大的洗滌用品生產企業之一。

從寶潔公司在中國市場的經營案例來看，企業也應該注意在不同時期和不同地區，採取具有針對性的促銷活動。

事實上，現在已經有許多企業開始採取了這種促銷方式，其中最明顯的莫過於烟酒行業。

中國是個烟酒消費大國，全國每年消費的烟酒費用要以百億來計算。由於這一行業的巨大利潤，使許多企業紛紛進入這些行業參與競爭。其中有些實力較弱的中小型企業，就採取了佔領地區市場的策略，在本地區範圍內進行各種宣傳促銷活動，希望成為本地區消費量最大的產品。

心得欄 _____

_____

_____

_____

_____

_____

16

賣場促銷業績的評估項目

業 績 提 升 技 巧

促銷的目的在於提升業績，故舉辦促銷活動之後，應立即進行業績評估，改善實施狀況不良的方面，以確保促銷品質。

賣場促銷目的是希望在特定期間內提高來店客戶數、客單價以增加營業額，更重要的是促使顧客日後繼續光臨。因此，需要通過檢查來確保促銷活動實施的品質，以便為顧客提供最好的服務，達成促銷效果。

促銷活動作為提升經營業績的工作要長期不斷地進行下去，就必須要對促銷活動進行及時總結。通過評估每次促銷活動的效果，總結促銷活動成功或失敗的原因，以積累促銷經驗，這對於做好促銷工作、促進公司日後的發展、不斷取得更好的業績是必不可少的。所以，促銷活動結束後的評估活動，不僅不可或缺，而且事關重大。

促銷評估的內容主要分為四部份：1.業績評估；2.促銷效果評估；3.供應商配合狀況 4.公司自身運行狀況評估。

有關業績評估，主要包括兩個方面：決定評估標準方法，找出促銷業績好或不好的原因。

1. 業績評估的標準與方法。

①促銷活動檢查表，即對促銷前、促銷中和促銷後的各項工作進行檢查，請參見下表。

商場促銷活動檢查表

類　別	檢　查　標　準
促銷前	1. 促銷宣傳單、海報、POP 是否發放和準備妥當 2. 賣場所有人員是否均知道促銷活動即將實施 3. 促銷商品是否已經訂貨或進貨 4. 促銷商品是否已經通知電腦部門變價
促銷中	1. 促銷商品是否齊全、數量是否足夠 2. 促銷商品是否變價 3. 促銷商品陳列表現是否具有吸引力 4. 促銷商品是否張貼 POP 廣告 5. 促銷商品品質是否良好 6. 賣場所有人員是否均瞭解促銷期限和做法 7. 賣場氣氛是否具有活性化 8. 服務台人員是否定時廣播促銷做法
促銷後	1. 過期海報、POP、宣傳單是否均已拆下 2. 商品是否恢復原價 3. 商品陳列是否調整恢復原狀

②前後比較法。即選取開展促銷活動之前、中間與進行促銷時的銷售量進行比較。比較後，可能會出現「十分成功」、「得不償失」、「適得其反」等幾種情況。

A.十分成功：在採用促銷活動後，消費者被吸引前來購買，增長了銷售量，取得了預期的效果。該次促銷活動不僅在促銷期中，而且對公司今後的業績和發展均有積極影響。這是市場經營者、營銷人員及所有員工都希望的情景。

B.得不償失：促銷活動的開展，對經營、營業額的提升沒有任何幫助，而且浪費了促銷費用，顯然是得不償失的。

C.適得其反：這是促銷活動引起不良後果的一種表現，是經營者最不願意看到的一種情形。這次促銷活動雖然在進行過程中提升了一定的銷售量，但是促銷活動結束後，銷售額不升反降。

③消費者調查法。可以組織有關人員抽取合適的消費者樣本進行調查，向其瞭解促銷活動的效果。例如，調查有多少消費者記得的促銷活動，他們對該活動有何評價，是否從中得到了利益，對他們今後的購物場所選擇是否會有影響等，從而評估促銷活動的效果。

④觀察法。這種方法簡便易行，而且十分直觀，主要是通過觀察消費者對促銷活動的反應，例如，消費者在限時折價活動中的踴躍程度，優惠券的回報度，參加抽獎競賽的人數以及贈品的償付情況等，對所進行的促銷活動的效果做相應的瞭解。

2. 查找和分析原因。

運用一種或幾種評估方法，對市場的促銷業績進行評估之後，一件很重要的事情，就是查找和分析促銷業績好或不好的原因。只有找出根源，才能對症下藥、吸取教訓，進一步發揮公司的特長。

17

賣場本身運行狀況的評估

 業 績 提 升 技 巧

　　促銷活動的檢查，首先是針對業績加以評估檢討，其次是針對各種重點檢查，例如「促銷效果評估」、「供應商評估」、「公司本身運行狀況評估」等。

　　賣場促銷效果的評估，除前面所介紹的「業績評估」重點外，本則介紹「促銷效果評估」、「供應商評估」、「公司本身運行狀況評估」等。

1. 促銷效果評估

　　此項主要包括三個方面：促銷主題配合度，創意與目標銷售額之間的差距，以及促銷商品選擇的正確與否。

①促銷主題配合度。

　　促銷主題是否針對整個促銷活動的內容；促銷內容、方式、口號是否富有新意、吸引人，是否簡單明確；促銷主題是否抓住了顧客的需求和市場的賣點。

②創意與目標銷售額之間的差距。

　　促銷創意是否偏離預期目標銷售額；創意雖然很好，然而是否符合促銷活動的主題和整個內容；創意是否過於沈悶、正統、陳舊，缺

乏創造力、想象力和吸引力。

③促銷商品選擇的正確與否。

促銷商品能否反映經營特色；是否選擇了消費者真正需要的商品；能否給消費者增添實際利益；能否幫助處理積壓商品；促銷商品的銷售額與毛利額是否與預期目標相一致。

以 POP 廣告為例，評估它的促銷效果，及時地檢查 POP 廣告的使用情況，對發揮其廣告效應會起到很大的作用，其評估檢查要點如下：

①POP 廣告的高度是否恰當。

②是否依照商品的陳列來決定 POP 廣告的大小尺寸。

③廣告上是否有商品使用方法的說明。

④有沒有髒亂和過期的 POP 廣告。

⑤廣告中關於商品的內容是否介紹清楚（如品名、價格、期限）。

⑥顧客是否看得清、看得懂 POP 廣告的字體。

⑦是否由於 POP 廣告多，而使通道視線不明。

⑧POP 廣告是否有水濕而引起的破損。

⑨特價商品 POP 廣告，是否強調了與原價的跌幅和銷售時限。

2. 供應商的配合狀況評估

這一項的主要評估：供應商對促銷活動的配合是否恰當、及時；能否主動參與，積極支持，並分擔部份促銷費用和降價損失；在促銷期間，當公司請供應商直接將促銷商品送到門店時，供應商能否及時供貨，數量是否充足；在商品採購合約中，供應商是否做出促銷承諾，而且切實落實促銷期間供應商的義務及配合等相關事宜。

3. 公司自身運行狀況評估

⑴總部運行狀況評估：零售業自身系統中，總部促銷計劃的準確

性和差異性；促銷活動進行期間總部對各門店促銷活動的協調、控制及配合程度；是否正確確定促銷活動的次數及時間，促銷活動的主題內容是否正確，是否選定、維護與落實促銷活動的供應商和商品，組織與落實促銷活動的進場時間。

⑵配送中心運行狀況評估：配送中心送貨是否及時；在由配送中心實行配送的過程中，是否注意預留庫位，合理組織運力、分配各門店促銷商品的數量等幾項工作的正確實施情況如何。

⑶門店運行狀況評估：門店對總部促銷計劃的執行程度，是否按照總部促銷計劃操作；促銷商品在各門店中的陳列方式及數量是否符合各門店的實際情況。

⑷促銷人員評估內容包括：

· 促銷活動是否連續；

· 是否達到公司目標；

· 是否有銷售的闖勁；

· 是否在時間上具有彈性；

· 能否與其他人一起良好地工作；

· 是否願意接受被安排的工作；

· 文書工作是否乾淨、整齊；

· 他們的準備和結束的時間是否符合規定；

· 現場的促銷台面是否整齊、乾淨；

· 是否與顧客保持密切關係；

· 是否讓顧客感到受歡迎。

對促銷人員進行評估評估，可以幫助提高促銷水準，督促其在日常工作中嚴格遵守規範，保持工作的高度熱情，並在促銷員之間起到相互帶動促銷的作用。

18

賣場的退款促銷

業 績 提 升 技 巧

　　退款促銷是指客戶購買一定款額的商品後，就退還其購貨商品的部份款額，以吸引客戶上門購貨。貨真價實的「退還現金」，對客戶尤其有集客消費的魅力。

　　退款促銷是指消費者購買一定的商品之後，退還其購買商品的全部或部份款額或（代購券），以吸引顧客，促進銷售。

　　退款促銷興起於 80 年代的美國零售行業，它已經成為最熱門的促銷方式之一。全美國有 74%的家庭瞭解退款促銷，而且每個家庭平均每年參加 4 次這樣的商品促銷活動。現在，許多零售企業在重大節日期間，也常常採取退款促銷的策略，例如「買 100 送 30」就屬於這種退款促銷的方式。

　　退款促銷運用起來非常簡單，通常是零售商店為了吸引顧客，在其購買商品時，給予某種定額的退費，退費數額小到商品售價的百分之幾，大到幾乎商品價格的全額，各不相同。商場可以自行決定退款優惠的範圍，可用在同家廠商的同一類型商品上，也可與別家廠商的商品聯合舉辦。

1. 退款促銷的功能和作用

退款促銷活動對於零售業來說，具有以下功能：

⑴維護顧客對商場的忠誠度。如果消費者到某商場購買過許多次商品，而且能得到退款優惠，則有可能養成購買的習慣，並建立對商場的忠誠度。同時，在消費者得到退款優惠時，也會為商場進行免費宣傳，這也有助於提高商場形象和聲譽。

⑵吸引消費者試用商品，以較低的費用激起消費者的購買欲。

⑶激勵消費者購買較高價位的品牌或較大包裝的商品。由於退款優惠的特點是消費者易於參與，而又沒有任何明顯的風險，所以能吸引消費者花較多的金錢買較高價位的商品，或大包裝的商品。

⑷當面臨換季時，商場可以利用退款促銷來刺激消費者大量採購不當時令的季節性商品，例如春季來臨時，用退款優惠誘使消費者購買下個冬季才用得著的防護霜。

2. 退款促銷的優點

退款促銷被零售業廣泛地運用，主要由於它具備以下優點：

(1)建立顧客忠誠度

多數退款促銷活動要求顧客多次、重覆購買同一商品，自然可以促使顧客提高購買頻率，進而建立對商場的忠誠度。

(2)提高商品的形象

退款促銷可以使消費者在心目中提高對商場的認識，認為自己以較低的價格買到了高價格的商品，獲得了實惠。

(3)增加商品銷售量

退款促銷活動可以讓服務員在陳列標有退費標籤的商品時，不必大力宣傳就可以使商品備受矚目，從而增加銷售。

(4)吸引大量購買

對於過季商品有時採用退款優惠，也可吸引消費者大量購買。

3. 退款促銷的形式

退款促銷適用於絕大部份商品，只是其中有些商品及商品類別較其他商品的反映更好一些。例如，銷售速度緩慢、品質差異化小、屬於衝動式購買的商品，消費者雖不經常購買，但只要一買，常用得很快，再購率也較高，這種類型的商品，運用退款優惠效果最好；而對於高度個性化的、經久耐用的商品，則不宜採用此方式。

按照退款額的多少，退款促銷可以分為全額退款和部份退款。按照退款的形式，退款促銷可以分為返回現金、返回代購券或抵價標籤。按照促銷商品的情況，退款促銷又可以分為以下幾種：

(1)單一商品的退款促銷

單一商品的退款促銷，適用於理性購買的、個性化商品，或高價位的食品、藥品、家用品以及健康和美容用品等。這種方式一般由零售商店和生產企業聯合舉辦。

例如現在許多家電專賣店為了吸引消費者購買電器，甚至為顧客提供幾百元不等的退款優惠。這裏的退款，既有專賣店讓給顧客的自己應得的銷售利潤，也有電器生產廠商出讓給顧客的生產利潤，也就是說是由兩方共同舉辦的退款促銷活動。

(2)同一商品重覆購買退款優惠

這種促銷通常用於購買率較高、使用較快的商品。消費者購買兩次或兩次以上的同一商品時，就可以有資格領取退款，這是商家常用的退款優惠方式。

比如超市可以規定，凡是購買果汁飲料的顧客，依其購買果汁數量的差別，提供不等的退款優惠，例如買 5 罐退 1 元，買 10 罐退 3

元,買 15 罐退 5 元,達到了很好的效果。

⑶同一廠商多種商品的退款優惠

即消費者購買同一廠商生產的不同商品時,可獲取的退款優惠。這種退款促銷也有零售店和生產企業聯合舉辦。通常,生產廠商在舉辦退款促銷活動時,可提供不同的商品系列,以便消費者任意選購所需商品,並同時收集不同的標籤,從而獲得相應的退款優惠。

⑷相關性商品的退款優惠

即將相關的商品放在一起銷售,並為購買者提供退款優惠。比如可以將內衣與大衣放在一起,聯合舉行「退款促銷」,只要消費者買了規定品牌的大衣之後,再去購買內衣時,就可獲得退款優惠。

4.退款促銷的注意事項

⑴時機的選擇

退款促銷在以下兩種情況下舉辦效果最明顯:

①很少執行促銷活動的商品,尤其是深受大眾歡迎的商品。這種商品採取退款促銷,可以吸引許多消費者,用較低的價格買到自己喜歡的商品。

②對於促銷活動頻繁的商品和大量購買、快速週轉的商品而言,退款促銷的效果並不佳。

⑵提升退款促銷的效果

舉辦退款優惠,首先就是要使參加規則清晰明瞭。包括清楚地標明必須購物滿若干金額才享受到退款優惠,或者集幾個購物憑證才可享受退款優惠;明確何種購物憑證才符合要求。

提升退款促銷效果的第二個注意事項是提高退款優惠的價值。較高的退款優惠,可以提高顧客的參與率;相反,較低的退款優惠,則會使顧客的參與率降低。

此外，還應儘量減少購物憑證的數量。若商店要求的購物憑證數量增多，顧客的參與率會降低；反之則參與率提高。

⑶顧客參與率的評估

退款促銷的顧客參與率高低，與所運用的媒體有關。據美國尼爾森公司的調查報告表明，現金退費的顧客參與率如下：

· 在印刷媒體上刊登退款促銷資訊約為 1%。

· 在商店的 POP 廣告上說明退款促銷資訊約為 3%。

· 利用商品包裝說明退款促銷資訊約為 4%。

當然，顧客的參與率高低還受退款金額的多少和回饋條件的影響。如果退款優惠再結合促銷手段一起運用，則參與率就會上升。例如在用廣告媒體宣傳的同時，還利用零售商店的 POP 廣告進行強化，則顧客的參與率可提高到 5%～6%。

⑷費用估計

這裏的費用除了退款促銷本身的負擔外，還包括下列幾種費用的支出：

· 媒體的促銷廣告開支。

· 零售店 POP 廣告印刷品的設計和印製費。

· 促銷商品的處理費用。

19

賣場的贈品促銷

業 績 提 升 技 巧

贈品促銷是以免費贈送商品、樣品,作為促銷手段而推動的促銷活動」。以贈送品作為誘因,促使經銷商進貨銷售,並促使客戶採取購買行為。

所謂贈品促銷,即是以免費贈送商品、贈送樣品或獎金作為促銷手段所進行的促銷活動,這種活動以一般消費者為對象,以贈送品為誘因,用來刺激消費者的購買行為。

贈品促銷策略最直接的目的就是激發消費者的購買動機,提升該商品的銷售額,或是提升商店的銷售額。

1. 贈品促銷使用的場合

贈品促銷並不適用於所有的場合,只有在遇到以下情況時,它才能夠發揮最大的功效。

⑴為了促使消費者試用新的商品時,贈品促銷可以使消費者願意試用新的商品。

⑵為了促使消費者改變原來的購買習慣,改用某種特定的商品時,贈品促銷可以使消費者為了獲得贈送品,轉而購買促銷的商品。

⑶為了進一步強化消費者的使用習慣,使消費者長期使用某種商

品時，如果商場能夠採取贈獎促銷策略的話，就可以使消費者產生一種受到重視的感覺，從而成為該商品的忠實使用者。

⑷零售業為了開闢新的市場時，可以充分發揮贈品促銷的作用，用贈送品或獎金來刺激消費者，使那些願意接受贈送品或獎金的人光顧商店，成為現實顧客。

⑸當零售業在舉行節慶活動時，可以採取贈品促銷活動來回報消費者，加強和消費者的聯繫，樹立企業的社會形象。

零售業在策劃贈品促銷活動時，應當充分強調以下幾個方面：

⑴鼓勵消費者繼續使用某種商品。

⑵刺激消費者的反應，尤其是真正可能成為使用者的反應。

⑶強調促銷商品的獨特優點，突顯其與眾不同的市場地位。

⑷免費贈送的商品、贈送樣品或獎金要有一定的吸引力，真正能夠吸引消費者購買促銷商品。

⑸樣品試用型式的贈品促銷，不應該以消費者必須購買某種商品作為前提，也就是說只有消費者購買了某種商品，才能夠獲得免費贈送商品、贈送樣品或獎金，因為這樣有可能使消費者產生一種逆反心理，即使他們有這種需求願望時，也不一定願意購買促銷商品，這就違背了促銷的初衷。

2. 免費贈送商品

免費贈送商品以一般消費者為對象，以免費為誘因，來縮短或拉近與消費者的距離。贈送的商品形式多種多樣，常用的形式包括以下幾種：

⑴酬謝包裝

酬謝包裝是以標準包裝的價格供給較標準包裝更大的包裝，或以標準包裝另外附加商品來酬謝購買者。

　　酬謝包裝一般用於促銷那些新的商品。例如，商場在促銷某種果汁飲料時，可以在包裝上貼上酬謝促銷的說明，如［加量不加價］、［多送 50 克］等。

　　酬謝包裝和減價優惠一樣，主要是吸引現有的使用者，用以鼓勵那些已接受某品牌商品的消費者擴大購買，而以此作為其購買的回報。

(2)包裝贈品

　　這種形式包括包裝內贈品、包裝上贈品、包裝外贈品以及可利用包裝，在激勵消費者嘗試購買方面特別有效。大多數消費品都可選擇此類促銷方式，例如促銷化妝品時，向購買了化妝品達到一定金額的顧客贈送精美的化妝包；促銷香煙時，向買香煙的顧客贈送打火機。

　　包裝贈品促銷之所以被廣泛應用，是因為它能激發消費者的購買欲。當消費者在貨架前準備購買某品牌商品時，舉辦這種贈品促銷的商品極易吸引消費者；此外，還會促使消費者轉而購買較大、較貴的商品。

　　①包裝內贈品：將贈品放在商品包裝內附送給購買商品的顧客。此類贈品通常體積較小，價值較低，例如吉利公司在它的刮鬍膏包裝盒裏裝進一片新推出的刮鬍刀片，而且不增加售價。這樣，消費者就可以通過購買刮鬍膏而有機會免費試用吉利公司新產品。

　　②包裝上贈品：將贈品附在產品上或產品包裝上，而不是置於包裝內部。例如用透明成型包裝等；也可以將折價券等印在包裝盒或紙箱上，消費者可剪下使用。

　　③包裝外贈品：此種贈品常在零售商店購物時送給顧客。贈品可擺在收銀機附近，方便消費者購物時一併帶走。

　　④可利用包裝：即將商品包裝在一個有藝術美感或實用價值的容

器內，當商品用完時，此容器便可另作他用。例如雀巢咖啡、果珍等飲品利用包裝盒的外形，並經常作一些變化，以增強對消費者的吸引力。

(3)郵寄贈品

即通過向消費者郵寄免費贈品或禮物的方法，以喚起消費者更多的注意。郵寄的贈品在大多數情況下要與所推廣的商品密切配合，將贈品作為對品牌的提醒物。因而，許多免費郵寄贈品都印有製造廠商的名稱、品牌或商標名稱等。

儘管免費贈送商品促銷對消費者具有一定的吸引力，但是如果贈品選擇不當，對促銷就會產生不利影響。當贈品的吸引力不夠、品質欠佳，反而會使本來打算購買該商品的消費者打消了念頭，妨礙了經常性使用者的購買行為。

零售業在選擇贈品促銷時，要注意以下細節。

①不能過度濫用贈品活動，否則會損害商店的形象。因為如果經常舉辦贈品促銷活動，會誤導消費者，該商店只會送東西，而忽略了促銷商品本身的特性及優點。

②選擇贈品時，應該注意贈品對顧客的吸引力，而且盡可能挑與促銷商品有關聯的品牌贈品。

③應該注意緊密結合促銷的主題，贈品的選擇應與促銷活動的贈送目的緊密聯結，否則起不到應有的效果。

哈雷機車銷售商的贈品促銷

　　哈雷機車在美國是深受年輕人喜歡的機車，那些愛好運動的年輕人經常以擁有哈雷機車而自豪。

　　哈雷機車的銷售旺季不是在白雪皚皚的冬天，而是在充滿了生機和活力的夏天，由於季節性較強，哈雷機車的銷售一到冬天就成了問題。銷售哈雷機車的經銷商為此大傷腦筋，他們不知道怎樣才能夠使哈雷機車一年四季都可暢銷。

　　在美國紐約的一家機車經銷商也面臨了同樣的問題，但是他並沒有消極等待，而是採取積極對策，設法促銷哈雷機車。

　　為了激勵消費者在冬天購買哈雷機車，這位機車經銷商策劃了一次「早起的鳥兒有食吃」的促銷活動，其主要促銷目標是刺激年輕人，讓他們在冬天購買哈雷機車，由此實現哈雷機車在冬天也暢銷的目標。

　　為了開展這場促銷活動，機車經銷商和哈雷機車生產廠商聯合起來，在報紙、電視上打出廣告，宣稱只要是購買了哈雷機車的顧客，就可以獲得價值不同的贈送品，這些贈送品包括皮帶、皮鞋、坐墊、安全帽、皮夾克、皮箱等等，越是購買得早的顧客，獲得的贈送品越多，越貴的機車獲得的贈送品也越多。同時還規定，凡是在1月份購買哈雷機車的顧客，可以獲得價值800美元的贈送品，在2月份購買的顧客可以獲得價值400美元的贈送品。

　　在廣告打出來的前幾天，機車銷售現場還打出了巨大的橫幅和各種POP廣告，將現場的氣氛渲染得非常熱烈，引來了許多年輕人參觀。

由於各種媒體廣告配合得當，參觀者非常踴躍。即使是在大雪紛飛的寒冬，有些人也不遠千里趕來，使得哈雷機車成為了最暢銷的機車。

據統計，僅僅在 1 月份和 2 月份，哈雷機車的市場佔有率由原來的 30%提高到了將近 40%，在不到 60 天的時間內，一共送出了近 1 萬件贈送品。

哈雷機車經銷的成功促銷，關鍵在於向購買者贈送了各種附贈品，是他們不必另外購買配套用具，因而深受購車者的歡迎，只要贈送品符合消費者的需要，就可以吸引消費者，達到促銷的目的。

心得欄

20

賣場的兌換印花促銷戰術

業 績 提 升 技 巧

為鼓勵客戶經常來本店購買消費，商店每次可贈送客戶若干積分券或購物憑證，依設定促銷辦法的不同，等收集若干積分券、購物憑券後可兌換不同的贈品或獎金。

兌換印花是促銷的一種，最早出現在美國威斯康辛州的一家百貨公司。百貨公司的經營者在報紙上打出商品促銷廣告，並在廣告中附有印花，只要將這些印花剪下來，就可以兌換贈品。結果，百貨公司的顧客爆滿，生意非常紅火。其他零售商店見到這種情況，也紛紛效仿。從此，兌換印花促銷開始在零售業中推廣開來，成為一種重要的促銷策略。

兌換印花並不是向人們贈送商品、樣品或獎金，而是贈送積分券、標籤或購物憑證，收集者按照所收集的積分數、標籤或購物憑證來兌換贈品或獎金。

零售業在開展這類促銷活動期間，消費者必須收集積分券、標籤或購物憑證等一類的證明（即印花），達到一定的數量時，則可兌換贈品或獎金；或是消費者必須重覆多次購買某項商品，或光顧某家商店數次之後，才可以收集成組的贈品，例如餐具、襯衫或毛巾等等。

這種促銷方法有時也被稱為「積點優待」。

1. 兌換印花促銷的優點

零售業利用兌換印花開展商品促銷，具有以下優點：

(1)便利性。零售業可以利用在報紙上做廣告的機會，隨廣告附上印花，方便消費者得到這些印花，而且這些印花可以兌換各種贈送品，消費者不必通過其他管道就可以得到贈送品。

(2)經濟性。這是將促銷的成本和促銷的效果相比較而言的。採取兌換印花促銷方式，可以省去許多費用，例如促銷宣傳單的製作費用、分送費用等等，零售商店只要利用商品包裝上的印花、報紙上的廣告印花，就可以向消費者傳遞商品促銷的資訊，從而節省了費用。

(3)合理性。採取兌換印花促銷方式展開商品促銷活動時，根據消費者購買商品的數量來贈送印花，或者是按消費者收集的印花數量贈送一定的商品。在這種情況下，無論是對於零售商店來說，還是對於消費者來說，都比較合理，雙方都得到了各自的利益。

(4)適用性廣。由於兌換印花可以用於許多場合，因此其適用性較廣，例如吸引顧客持續不斷地購買某種商品，能夠保證既有顧客，有助於培養品牌忠誠度及養成顧客的購買習慣；例如減少顧客購買競爭者的商品，尤其是在需要反覆購買時，常可使顧客暫時停止購買競爭對手的商品，從而削弱競爭者。

2. 兌換印花促銷的缺點

兌換印花促銷也有其缺點，例如：

⑴此種促銷方式最大的缺點，是預算花費必須與庫存緊密配合，以便能充分供應連續性促銷時顧客兌換贈品的需要。而要真正做到這一點很不容易。

⑵對部份消費者不具吸引力。因為有些人沒有耐心為了換得一個

贈品而慢慢地收集印花,他們希望能夠得到即刻的滿足。

⑶對於非經常性購買的商品而言,這種促銷方法並不適合,甚至毫無效果。

⑷顧客要花相當長一段時間來搜集印花,因此容易導致失望心理。

3. 印花促銷的方法

零售業的兌換印花促銷,通常有以下幾種形式:

(1)兌換印花

即在零售商店或專賣店運用的積點優待,以吸引顧客。這種促銷方式在食品店及超級市場用得較普遍,其方法是利用成組的贈品來誘導顧客購買商品。

例如有一家餐具專賣店推出了陶瓷餐具促銷活動,每週從全套餐具中推出一種,以超低價特賣,凡是購買這種促銷餐具的顧客,可以得到一張促銷的印花,在下一週來來購物時可以憑印花購買促銷商品。消費者為得到一套完整的餐具,只得每週光顧一次,這樣才能最終買到全套的餐具。

(2)積分券

這是零售商店根據顧客在商店購物的金額為基準贈送的積分券。當顧客所收集的積分券達到某一數量時,即可依贈品目錄兌換贈品。

例如某商場在春節前出臺了按照積分券領取禮品的促銷活動,規定顧客購物累計積分在 1000 分～2000 分的,按積分的 1%返還禮品券,不足 1000 分的轉到下一年度;累計積分在 1000 分～5000 分的,按積分的 2%返還禮品券;累計積分在 5000 分～10000 分的,按積分的 3%返還禮品券;累計積分在 10000 分以上的,按積分的 5%返還禮

品券。而且還規定商場所有的商品都可以參加積分贈送活動,贈送的禮品券在全商場都通用。

(3)積分卡

是指零售商店根據某種標準,向顧客發放的積分卡,顧客根據其不同的累積購買量享受不同的優待。

例如某商場利用向顧客發行積分卡促銷,具體規定如下:

顧客當年在商場購物不滿 1000 元的,積分轉到下一年度;當年在商場消費滿 5000 元,第二年就可以獲得 3%的優惠;當年消費滿 1 萬元的顧客,第二年購物可獲 5%的優惠;當年消費 2 萬元的顧客,第二年購物可獲 7%的優惠。但是,某些特殊類商品如家用電器不在優惠範圍之內,而只可累積積分點。

4. 注意事項

(1)設定促銷的目標

不論選擇何種印花促銷方式,都要設定促銷活動的目標、費用支出以及促銷的具體操作細節,為促銷活動制定指導方針。

(2)購物憑證或印花的形式

某些商品很容易就可以讓顧客取到購買憑證,例如在包裝內裝入標籤或印花,或在包裝的外面醒目地標上印花。但某些商品則並非如此,例如塑膠包裝或金屬容器等,想由包裝上取下購物憑證,是一件非常困難的事情,所以零售業在開展印花促銷活動時,應該對購物憑證或印花的形式仔細挑選,以免給消費者帶來困難,或者讓消費者失望。

(3)贈品的價值

印花促銷的一個前提,就是贈品一定要有吸引力,這就涉及到許多問題,例如:贈品的價值應該為多少合理?是否能在商品的售價中

加上贈品的價值？贈品是單品種，還是多品種……

這些問題均需仔細研究，甚至還要找消費者進行接受測試。因為對於消費者來說，他們是絕不會費那麼多的心血來收集印花，換取一個毫無價值的贈品的。

(4)相關事宜的處理

由誰負責印花的承兌、核查和發送贈品，如製造商或零售商；是通過郵寄還是其他管道來散發印花，這些問題均需考慮。

(5)促銷持續的時間

印花促銷活動時間延續過長時，消費者很難有參與的耐心。

例如，有一家商場和製造商聯合舉辦答錄機的促銷活動，但是商場規定消費者必須收集 50 張印花才可兌換答錄機，而且一張印花必須購物滿 10 元才可得到，而消費者平均每星期購物 50 元時才能取得 5 張，因此，此活動最少需要 10 個星期，也就是兩個多月，消費者才可以得到答錄機，這就使得消費者大失所望，失去了耐心。

因此，採取印花促銷的活動時間，必須顧及到一般消費者能積累足夠的印花來換得贈品，以這個過程所花時間的平均值作為擬定時間長短的依據。

「牛仔王」專賣店的促銷

「牛仔王」是美國一家專業成衣、長褲的公司，該公司曾經舉辦過一次贈送印花的促銷活動，取得了非常好的效果。

在這次促銷活動中，「牛仔王」公司規定，在 2 月份，凡是在公司的專賣店購買 200 美元以上服裝的顧客，每天最先購買的前 20 名顧客可以獲得一張價值 100 美元的獎券，而且多買多送，不設上限。例如一位顧客如果在前 20 名買了 1000 美元的衣服，就可以獲得 5 張獎券，一共價值 500 美元，可以購買專賣店中的任何商品。

該公司推出這項促銷活動的目的在於刺激消費者的購買慾望，使他們購買一定金額以上的商品，以獲得獎券；同時規定先買先送，以造成轟動效應。而且獎券的價值之所以如此高，也是為了使消費者留下深刻的印象，記住公司的名字，形成一定的社會影響。

這次活動確實如策劃者所料，前來專賣店購買服裝的顧客如潮，每天一大早就有許多人（尤其是年輕人）在店門口等著開門，進門之後直接將自己頭一天已經挑好的服裝買下來，到收銀台前排隊，爭取在前 20 名交款，以得到獎券。

一個月下來，「牛仔王」公司的銷售明顯上升，比以往同期增加 350%，比上個月增加 258%，成為這次促銷活動的大贏家。

21

開展「外出銷售」來彌補業績

業 績 提 升 技 巧

處理店內的銷售時，也要加強外出銷售，可以打開商
店的銷售瓶頸。

1. 如何加強「外出銷售」

許多行業在競爭激烈、消費需求減少、商品價格低廉化的環境
中，正在迎接更為嚴峻的考驗，而有些店更因店址居於較為不利的地
點，以致生存更顯困難。這些店鋪可說是在小規模的商圈內不斷地「互
相蠶食」。

另一方面，即使是目前景氣很好的行業，也由於銷售場所的面積
固定，所以其銷售額也就有一定的限度。在這種情況下，如果要使銷
售額有所提升，則除了店鋪銷售以外，還必要將營業區域擴展到「店
外」。

既然店鋪銷售有其一定的限度，那麼認真實施「外出銷售」便是
一項值得考慮的戰略。

過去，採行「外出銷售」者多半是電器行、運動用品店、服裝店、
鐘錶寶飾店等。但今後無論是何種行業，只要有機會就都應朝加強「外
出銷售」方向發展。

至於外出銷售所採行的方式，逐戶訪問銷售的佔 43.9%；再其次為展示會銷售，佔 18.8%；接著為在公司行號的促銷，佔 13%。外出銷售之最大特徵在於，職業場所的銷售所佔的比率最高。

如果認為自己所經營的店鋪生意不佳的原因在於店址的條件差，則不妨考慮此種方式。

2.訪問銷售

「T 鐘錶寶飾店」是採取訪銷方式而使生意興隆的最佳例子。

該店的老闆娘每天上午都會親攜帶傳單、目錄等拜訪十戶左右的家庭，她訪問顧客的目的並不在於推銷，而是做售後服務及提供有關產品的新資訊。

就顧客的心理而言，每一個人都希望於購買商品的前後皆獲得最週全的服務，因此老闆娘的作法很能獲得顧客的認同，而與顧客打成一片後，顧客們往往也會主動地代為宣傳，因此，其後前往光顧的客人便急速地增加。

這位老闆娘上午從事逐戶訪銷，下午則一定會固守店中。這種方式使顧客像是吃了定心丸般，因為客人們都知道只要下午去店裏，就一定能見到老闆娘，不僅可詢問商品的詳情，也可確保所購買的東西不至於有問題。T 鐘錶寶飾店因此而深獲好評，此亦為透過逐戶訪問提高店鋪銷售額的最佳範例，值得經營同一性質店鋪者效法。

A 村是人口不到二萬人的小村莊，位於此村莊內的「P 兒童服裝店」是一家店面約十五坪，而年營業額達五千萬元的店。

在小商圈中經營兒童服裝店已是一個十分罕見的現象，而這家店又能經營得有聲有色，更是格外引人注目。

這家店的經營秘訣在於外出銷售，這次的作法與前面的例子正好相反，是店主出外銷售，而老闆娘則負責店鋪內的生意。

每日中午時分，店主就會把兒童服裝都搬放在特別購置的小貨車上，進行逐戶訪銷。

店主銷售的對象均為老顧客所介紹的家庭，而他每拜訪一戶人家，附近有小孩的家庭也會圍聚過來，氣氛極為熱鬧，同時也往往能輕易地售出許多套服裝。

又因為這家店為孩子們所做的服務也十分週到，譬如店中設有暑假作業教室「店主原為小學教師，故可有效地利用自己的優點和長處」，每逢孩子生日時寄送賀卡，在聖誕節期間扮成聖誕老公公，以「代替聖誕老人服務」為名，把家長交托的禮物以聖誕老人的身分送給孩子。

總之，這家店有許多能使兒童們感到非常快樂、雀躍，而又富於創意的企劃。

這種努力獲得了回應，因此這家店在商圈內的知名度也相當的高。該店每年總營業額的 50%都是靠外出銷售，如果僅是在店裏等待客戶光顧，則年度營業額就頂多只有三千萬元左右。

3. 電話推銷

推銷有多種方式，電話推銷是其中的一種，零售業者可根據商店的實際情況，採用這種推銷方式。

簡單來說，電話推銷就是利用電話進行交易，一般是指推銷、市場調查、瞭解新服務和未來活動等。這種方法現在非常流行，可接觸准客戶和聯絡現有客屍，更可調查顧客的滿意程度，達到銷售產品或服務的目的。

電話是接觸客戶的極佳途徑，但是在電話中客戶看不到對方，所以聲音至為重要。用電話溝通需要常加練習，如果準備不足，或聲音、態度不當的話，就很難通過電話達到預期效果。例如商店的電話推銷

人員，可以根據推銷話術，在電話中摸擬使用，改善自己的聲音效果。

電話推廣有兩種：主動推廣和被動推廣。主動推廣就是主動接觸對方，而被動推廣卻是回覆有關產品或服務的資料的查詢。

電話推廣要有系統，拿起電話聽筒之前必要有充足準備。一般來說，先寫出你要說的話，包括簡介和問題等，這樣可避免忘記重要事項，也可以在打電話之前先寫下客戶可能提出的問題，寫出可能的答案，從而清楚地回答。

電話推廣過程很短，如果準備不足，就可能得不到想要的數據或給予客戶滿意的答案。你應先對推銷的產品或服務有充分瞭解，有需要的話應在電話旁存放有關數據，必要時立即翻閱。

除此之外，你也要清楚公司的運作，例如送貨程序、價錢和付款方法等。

最佳的電話推銷員應和客戶建立個人關係，多從客戶的立場出發，例如：「我明白閣下很忙……」或「我明白這很困難……」，另外也可給予客戶一些正面評語，例如：「你的名字很有意義……」這種評語不但表示你用心聆聽，亦表示你瞭解和關心對方。

電話推銷員必須有良好的態度，無禮或漠不關心往往就會喪失顧客。推銷員在與准客戶交談時要保持冷靜和開明的態度，良好的態度可謂對生意無往而不利。

打招呼亦很重要，要熱誠、親切而專業。一般的電話推銷準則，應稱呼顧客為先生、小姐或太太等。

電話推銷最重要的是聆聽客戶的說話，如果推銷員只顧說產品怎樣怎樣好，而沒有聽取客戶的需要，那麼他的介紹也不會產生效果。推銷員應記住自己的基本目的是服務客戶，明白對方的需要，是成功的一大因素。

在剛開始電話推銷時，可能由於顧客的拒絕而失去信心，但千萬不要放棄，嘗試著努力幹下去，會有意想不到的收穫。

4.職業場所銷售的檢討

若有意從事外出銷售活動，就有必要就商圈內消費者的需要作一探討，譬如調查工廠、學校、公家機關、合作社、民間企業等的從業人員，是否有業務上或是其他的特殊需要。關於這一點，因必須考慮「先下手為強，後下手遭殃」的因素，所以應盡量及早著手。

以機關團體為對象進行銷售時，應注意的重點：

⑴外出銷售時應選擇高價格的商品，或是利潤高的商品。

⑵以機關團體為對象進行銷售時，所攜帶之商品的數量應以可獲取相當利潤為前提（如果是與店鋪銷售同時進行時，更應重視數量）。

⑶對於企業和合作社的員工可採取降價銷售的方式，但最好是能說服企業領導者把這些商品買下，作為員工的福利品，以使對方亦蒙其利。

⑷雖有必要付予企業或合作社傭金，但假使會嚴重影響利潤，則應斷然拒絕（一般為 10%以下）。

⑸外出銷售之前應先以傳單、海報等告知。

⑹應選擇業績佳的機關團體。

位於東京的 A 高爾夫球用品店因地居商業街，故是一家以附近的上班族為銷售對象的商店。

這家店也組織有「外出銷售部隊」，且與「店鋪銷售部隊」合作得非常好，而成為其特徵。譬如附近的上班族利用午休時間前往光顧時，如果店員的接待無法令他們充分滿意時，該店便派出負責外出銷售的銷售員前往他所服務的機關作進一步的說明，據說這種方式往往除了本人以外，還能接獲其同事的大量訂單。

相反的，由於「外出銷售部隊」接待客人時通常是利用午休時間，因此有時在時間上無法令對方滿意，遇到這種情形時，銷售員就會請客人在有空時光臨該店。而於店中具有「俱樂部銷售技術員」資格的銷售員則會提供前往該店的顧客週全的諮詢服務。

這家店透過店鋪銷售與外出銷售人員的通力合作，獲得了十分驚人的績效，該店每坪年平均營業額高達三千萬元之譜，關鍵即在於其能巧妙運用這種「裏應外合」的策略。

通常，偏重外出銷售的店鋪，在店鋪銷售方面往往較弱，或是店中的陳列物品常顯得雜亂無章，以及有照明昏暗等情形，這些不利點都是經營者需加以注意及改善的。

長於外出銷售的店鋪，也應同時加強店鋪內的銷售，畢竟這是使店鋪生意興隆的基本條件。

心得欄

22

賣場的抽獎促銷

業 績 提 升 技 巧

購物是一種愉快的心理歷程，零售業者制定有趣、誘惑性的促銷方式，以高額獎金或贈送獎品作為誘餌，吸引消費者參加購物活動。

抽獎促銷作為一種促銷策略，是由零售商店制定的活動規則，以高額獎金或贈送品作為「誘餌」，吸引消費者參加購物活動。

抽獎促銷不一定要求消費者（活動參加者）必須購買商品，也可以憑個人興趣參加抽獎活動。參加者只要將填好的抽獎表格或購物憑證寄到指定的地點，商場再從中隨機抽獎，被抽到的人即成為獲獎者。

1. 抽獎促銷的特點

抽獎促銷活動，具有下列特點：

⑴獎金額或贈品價值一般較高。因為只有高價值的獎金或贈品，才會刺激人們參加抽獎促銷活動，增加促銷的吸引力。

⑵刺激性強。由於高獎金或高價值贈品對所有人來說，都是一個不小的刺激因素，只要願意參加，都有機會獲獎。

⑶機會均等。抽獎促銷採取隨機抽獎的方式，對於每個參與者來說，機會都是平等的，也就是說每個人都有可能成為幸運兒，獲得獎

金或贈品。

⑷**轟動效應**。抽獎促銷可以在消費者當中造成非常強烈的**轟動效應**，以高額的獎金或高價值的贈品引起人們的關注，有利於提高商店的知名度。

2.提升抽獎促銷的效果

為提升抽獎促銷的效果，可以採取以下幾種方法：

⑴具備豐富的想像力

對於參加抽獎促銷活動的消費者來說，獲得獎金或者贈品是結果，而在參加抽獎活動的過程，對他們更具有刺激性和誘惑性。在這個過程中，參加抽獎促銷活動的人數越多，說明引起的關注度越高，人們也就越容易注意到舉辦這次促銷活動的零售商場。

但是，要吸引眾多的參與者參加抽獎促銷活動，最關鍵的因素就是要讓參與者充分發揮他們的想像力，發揮他們的聰明才智，以他們的想像力來促進抽獎促銷活動的效果。

⑵富有趣味性

成功的抽獎促銷活動是趣味橫生的，零售業者只有將趣味性融合到商品促銷活動中，才能夠激起消費者的參與積極性，增加商品促銷活動的效果。

為了增加商品促銷活動的趣味性，可以從不同的角度來進行，例如針對促銷目標消費者的興趣和愛好，與體育運動相結合吸引消費者。

美國以生產漢堡包而著名的溫弟公司，最初因為實力弱小，而無法和麥肯斯、漢堡包王、肯德基、比薩等公司相抗衡，直到 20 世紀 80 年代以後，才通過尋找市場空隙，確立了自己的地位，與上述各家公司一爭雌雄的速食生產企業。

溫弟公司的迅速發展得益於成功的宣傳活動。1984 年，溫弟公司投資 3000 萬美元，進行了一系列廣告宣傳，其中一項活動是重金聘請美國著名的女演員克拉拉，讓她扮演一位美麗而又挑剔的老太太，到麥肯斯購買漢堡包。

當老太太得到一個碩大夫比的漢堡包時，眉飛色舞，喜笑顏開；可是當她撕開漢堡包的時候，發現廣告中所說的 4 盎司牛肉其實只有一丁點兒，小到只有指甲蓋那麼大。這時，老太太非常憤怒，對著鏡頭叫道：「牛肉在那兒？」

這個廣告非常成功，被一年一度的國際廣告大獎評選為經典作品，克拉拉也由此成為著名的廣告明星。

溫弟公司借助這一成功的廣告宣傳活動，同時開展了抽獎促銷活動，產生了轟動一時的效應。

溫弟公司的這次抽獎促銷活動和在美國深受歡迎的棒球大賽聯合在一起進行這年 8 月，溫弟公司印製了 1300 萬張遊戲卡，上面寫有全國各支棒球隊的名字，人們只要在溫弟公司的各家速食店購買漢堡包，就可以獲得一張遊戲卡。只要將遊戲卡外面的一層塗料刮掉，就可以看到兩支棒球隊的隊名，如果這兩支球隊正好是下一場球賽的交鋒對手，就有資格參加溫弟公司舉辦的抽獎活動。

這次抽獎促銷活動中，溫弟公司提供的獎品有棒球明星聯誼卡、棒球明星簽名照片、棒球運動服、免費旅遊等，這深深地吸引了那些喜歡棒球運動的消費者，尤其是年輕人。

這次抽獎促銷活動結束後的第二年，溫弟公司的事後評估結果表明，所有速食食品的銷售量增加了近一半，銷售額直逼佔據市場第一位的麥肯斯公司和第二位的漢堡包王公司，一下躍居到市場第三位的名次。

溫弟公司的成功超越，顯然是借助於「牛肉在那兒」的幽默廣告和棒球聯賽的抽獎活動，從而給這次促銷活動帶來了極大的趣味性，才將消費者從競爭對手那兒拉到了自己這一方來。

⑶增加刺激性和懸念性

抽獎促銷活動對於消費者來說，無疑具有一定的刺激性。但是，這種刺激程度的大小決定了抽獎促銷活動的效果的顯著與否，因此零售業的抽獎促銷活動一定要增加其刺激性和懸念性。

為了達到刺激性和懸念性的目的，需要做到以下幾個方面：

· 盡可能激起所有促銷目標消費者的積極性，使他們踴躍參加到抽獎促銷活動中來。

· 增加獎品的吸引力，使人們為了得到獎品而積極參與抽獎促銷活動。

· 將刺激性和懸念性相結合，使促銷活動有利於人們的想像力，直到最後才將抽獎的結果公佈出來，使促銷活動從始至終都受到人們的關注。

· 針對目標消費者的興趣和愛好，開展具有刺激性和懸念性的促銷活動，增加促銷活動的轟動效應。

3. 抽獎促銷的形式

抽獎促銷的具體形式主要分為購物抽獎和非購物抽獎兩種：

⑴購物抽獎

這種形式是以顧客必須購買商場的促銷商品為前提條件，然後參加商場舉辦的抽獎活動。這種形式又有幾種常見的情況：

①即買即兌獎

這種抽獎促銷形式，一般適用於包裝內附有抽獎憑證的商品，就是顧客購買到商品後打開包裝，如果發現有兌獎標誌或憑證，就當場

為顧客兌獎，給予相應的獎品。

　　例如某商場和一家生產飲料的企業聯合舉辦「連環大贈送」活動，凡是拉開飲料易開罐，發現拉環上印有相應的中獎資訊，可以憑易開罐的拉環到商場兌換相應的獎品。此外，中獎者還可以填寫抽獎券交給商場，參加第二輪特別獎的抽獎活動，獎品是日本免費一週遊。

　　這種抽獎促銷形式是消費者在當時就能知道自己中獎與否，當場就能拿到獎品，操作簡單方便，對消費者吸引力大，刺激性強，是普遍使用的抽獎促銷方法。

②定期兌獎

　　這種形式是顧客在購買促銷商品後，可以得到一張抽獎券，填寫好抽獎券後交給商場的服務組，然後由商場在事先公佈的時間公開搖獎，中獎者的號碼將予以公佈，中獎者可持抽獎券副券、購物發票或其他憑證，到商場兌獎。

　　其基本特點是顧客購物參加抽獎後，不能立刻知道自己是否中獎，需經過一段時間，在公開搖獎後，才知道抽獎結果，因此其吸引力相對於「即買即兌獎」的效果要差，不一定能打動顧客。

③遊戲抽獎

　　即利用遊戲抽獎的方式進行商品促銷，這種方法一般要求顧客先購買一定金額的商品，然後根據購買金額抽若干次獎。

　　例如某商場在 2001 年春節期間促銷人參保健品，開展了「抽大獎，送大禮」的促銷活動，規定凡是在活動期間，在商場購買任何一種人參保健品的顧客，每 50 元可以領取一張卡，顧客憑卡可以在一個密封的紙箱內摸一個小球，每個小球上面寫有某種獎品的名字，顧客摸到什麼就獎什麼，最高獎品為價值 3000 元的鉑金鑽戒一枚，獎品有多種，中獎率是 100%。

(2)非購物抽獎

這種抽獎促銷形式不以消費者必須購買促銷商品為前提,消費者可以從報紙、雜誌廣告上或從商場得到抽獎券,填好後送到或寄往指定地點,由商場在預先公佈的時間,隨機抽出中獎者。

這種促銷形式是為了吸引消費者注意印有抽獎券的報紙、雜誌廣告,或前往商場獲取抽獎券,以達到提高廣告宣傳的效果、將消費者吸引到商場,以帶動銷售或擴大商場知名度的目的。

和「購物抽獎」相比,非購物抽獎對消費者更具有吸引力,因為他們不必購物就有機會獲得意外的收穫,所以在國外這種非購物抽獎促銷活動非常流行。

福特汽車的抽獎促銷

在 20 世紀 70 年代,由於美國經濟的不景氣,人們的收入水準有所下降,各個家庭已經不再像從前那樣經常頻繁的購買、更換汽車了。這時,幾乎所有汽車公司的汽車銷售量都有所下降,例如美國最大的通用汽車公司市場佔有率就下降了 46%,福特汽車公司、克萊斯勒汽車也都前景不妙,其公司的領導人對於眼前的困境,都在苦思對策。

福特汽車公司的領導人覺察到,如果不設法開創新的局面,公司的前景將會非常暗淡。經過週密的策劃,福特汽車公司決定在各家專賣店開展抽獎促銷活動。

在經過仔細的市場調研之後,福特汽車公司發現,最有可能購買福特汽車的客戶,是那些已經擁有了福特汽車的家庭,因為他們相信福特汽車的品質和性能,表示如果有可能他們將會再買

一輛新的福特汽車。於是，福特汽車公司決定將這次促銷的目標顧客定位在過去 4 年中所有已經購買了福特汽車的老客戶。

為了吸引這些老客戶重新購買福特汽車，福特汽車公司在全國各大主要媒體，例如電視臺、報紙、廣播等上面進行了鋪天蓋地的廣告宣傳，向這些老客戶發出了促銷的資訊；同時，為了加大促銷的力度，增加這次活動對老客戶的吸引力，福特公司還專門設置了 80 萬個獎項，希望老客戶光顧福特汽車的各家專賣店，以此來制造福特汽車熱銷的浪潮。

福特公司對這次抽獎促銷活動做出了精心安排，具體如下：

- 向老客戶直接郵寄函件，裏面附有當地經銷商的汽車維修折價券。

- 在向老客戶直接郵寄函件的同時，寄出數以萬計的抽獎券，並在抽獎券上說明此次獎品共計價值 1000 萬美元，歡迎大家踴躍參加。

- 在廣告宣傳中說明頭等獎贈送兩輛福特汽車，此外還有許多其他的獎品，如果所中的獎品沒有被領走，可以繼續抽獎，直到被領走為止。

福特汽車公司開展這次抽獎促銷活動的目的，首先是為了增加福特汽車的銷售量，其次是促進福特汽車的維修業務，掌握用戶對福特汽車的意見，最後是加強同汽車專賣店的聯繫，使這些專賣店積極配合福特汽車公司的促銷活動。

抽獎促銷活動舉行之後，福特汽車公司的上述各項目標都實現了，有的甚至超出意料。例如，有超過 30 萬的新老顧客前往福特汽車公司的各家專賣店參觀展覽，大約有 10% 的人購買了新的福特汽車，使福特汽車的銷售量比上年增加了 30%；同時，經銷

商的參與率也比上一年增加了 1 倍多，大大提高了福特汽車公司的知名度，加深了福特汽車在消費者心目中的印象。

23

賣場的有獎競賽促銷

 業 績 提 升 技 巧

> 零售業邀請客戶參加有趣的競賽活動，由客戶發揮自己的聰明才智參與競賽，然後從中評選出優勝者，對零售業而言，不只可促銷商品，更可提升自己的良好形象。

有獎競賽促銷是由零售業舉辦某種競賽活動，請消費者充分發揮自己的聰明和才智，運用自己的技能和知識，參與競賽活動，然後從參賽者中評選出優勝者，並給予獎品或獎金的促銷活動。

1. 有獎競賽促銷的優點

有獎競賽促銷策略和其他促銷策略不同，它不是建立在投機或碰運氣的基礎之上，而是吸引那些具有聰明和才智的消費者，借有獎競賽的機會來擴大零售業的知名度，因此它具有以下優點：

⑴提高消費者的參與積極性

有獎競賽能使消費者產生較大的興趣，如果獎品有一定的吸引力時，尤其如此。

例如超級市場就利用各種有獎競賽活動，向優勝者頒發獎狀和獎

金（家樂福禮券）來吸引廣大學生及其家長、教師來參加活動，雖然最終的獲獎者並不多，但是報名參加者非常踴躍，它所產生的效果遠遠超過了在報紙、電視上做廣告的效果。

更重要的是，這種有獎競賽活動所針對的目標消費者非常廣泛，不僅有學生家長、教師，還有廣大學生，可以說包括方方面面的消費者，因此涉及面很廣。

⑵費用低廉，效果明顯

有獎競賽促銷活動另一個最大的優點就是，零售業投入的資金費用，相對於其他促銷形式要低廉得多，但是所產生的效果卻絲毫不遜色於其他促銷形式。

零售業可以充分發揮有獎競賽促銷費用低廉的優點，開發優秀的創意，開展各種有獎競賽活動，吸引目標消費者的關注，擴大企業的市場影響力。

⑶提升企業形象，加強和消費者的聯繫

有獎競賽活動之所以有助於提升零售業的形象，其前提條件是這種有獎競賽活動必須具有優秀的創意，符合人們的消費心理，同時還要盡可能使競賽活動的參與者表現自己的聰明才智，滿足他們的表現欲，體現出有獎競賽活動的文化品位。

因此，儘管現在許多零售業都在想法開展各種有獎競賽促銷活動，但並不是所有的有獎競賽活動都有助於提升企業形象。

作為零售業的經營管理者，應該學習家樂福的有獎競賽活動策略，凸顯競賽活動的文化意義和社會價值，利用有獎競賽活動來提升企業的形象，加深企業在消費者心目中的地位，加強和消費者的聯繫。

「家樂福」的有獎競賽促銷

世界第二大零售業——家樂福（Carrefour）1989 年在臺灣開設了第一家分店，至今為止，家樂福在臺灣已有 26 家分店，擁有員工 7200 人，成為家樂福在法國本土以外的一個重要陣地。

家樂福在臺灣的經營策略，除了一貫堅持的「天天都便宜」、「大賣場」以及「以顧客滿意為第一」等之外，就是經常開展各種有獎競賽促銷活動。

在家樂福開展了有獎競賽促銷活動：

- 「臺灣古早味」全省畫作聯展，於 5 月 27 日～6 月 27 日在臺北三重家樂福與高雄愛河家樂福舉行。
- 「現代事紀」全省畫作聯展，於 5 月 27 日～6 月 27 日在台中市中清家樂福賣場舉行。
- 古跡寫生親子游，於 7 月 2 日～8 月 20 日在臺灣全省 23 家家樂福超市所在社區舉行。
- 夏日徵文活動，於 7 月～8 月在臺灣全省舉行。
- 家樂福臺北國際長跑活動，於 9 月 3 日在臺北市政府廣場舉行。
- 家樂福親子寫生嘉年華會，於 11 月 5 日、11 月 12 日、11 月 19 日分別在臺灣省美術館、高雄中正文化中心、臺北國父紀念館舉行。

各項有獎競賽活動，都得到了廣大消費者的熱情參與，提高了家樂福在臺灣省的知名度，密切了家樂福和臺灣省消費者的聯繫，取得了不錯的成效。

家樂福又在臺灣舉行了以下有獎競賽活動：

・夏日徵文活動，於 6 月在臺灣全省舉行。

・家樂福奇幻寫生嘉年華會，於 10 月 7 日、14 日、20 日和
　11 月 17 日，分別在臺灣美術館、台南市文化中心、高雄
　市廣場、臺灣故宮舉行。

・臺北國際馬拉松賽，於 11 月 4 日在臺北市舉行。

　　其中，家樂福奇幻寫生嘉年華會已經是第五次舉行，得到了
廣大家長和教師、學生的熱烈歡迎，成千上萬的學生（包括學齡
前兒童、中小學生）交上了自己的作品。家樂福將這次活動的參
與者分成了幼兒組（幼稚園及學齡前兒童組）、低年級組（小學 1
年級～2 年級）、中年級組（小學 3 年級～4 年級）、高年級組（小
學 5 年級～6 年級）共四個組。

　　最後，經過家樂福聘請來的評審委員會的嚴格評選，各組選
出了前三名，並從所有參賽者中選出了 20 名優秀獎和 80 名佳作
獎，各組的第一名頒贈獎狀和獎金 6000 元（家樂福禮券）、第二
名頒贈獎狀和獎金 5000 元（家樂福禮券）、第三名頒贈獎狀和獎
金 3000 元（家樂福禮券），優秀獎和佳作獎各獲得獎狀和獎品。

　　這次活動不僅吸引了廣大學生，而且和學生有關係的家長及
教師也都投入了極大的熱情，使家樂福成為這次活動的關注焦
點。家樂福在這次活動中投入的資金並不算多，但是卻贏得了消
費者的心，為自己樹立了一個關心公益活動的良好社會形象。

2. 有獎競賽促銷的形式

有獎競賽促銷活動的具體形式，有以下幾種：

⑴有獎作文競賽

要求參賽者根據要求提交一篇作文或一段文字，對促銷商品進行想像性寫作。例如「風影」洗髮水公司播出了一個電視短劇，要求觀眾根據劇情寫一篇有關「風影」的文章，優勝者可以獲得不同的獎品。

⑵有獎征答競賽

要求參賽者根據促銷商品廣告或使用說明書，填寫答卷（所有問題都和促銷商品有關），再由舉辦單位對優勝者給予獎勵。

⑶有獎徵集廣告競賽

這種促銷形式要求參賽者為促銷商品寫一句廣告主題詞或廣告語。

例如「戴夢得」珠寶公司曾經打出廣告要求全國各地的人們為「戴夢得」鑽飾寫一句廣告語，優勝者可以獲得一個鉑金鑽戒。

再比如某商場通過報紙發佈廣告，向社會公開徵求商場服裝部的廣告口號。結果，某學院一名大學生以「她在人海中領航」中獎，獲得獎金 3000 元。

⑷有獎征聯競賽

要求參賽者為促銷商品或企業的一副對聯的上聯配出下聯。

⑸有獎作畫競賽

要求參賽者根據商品的廣告主題，或是商場的形象，畫一幅漫畫或宣傳畫。例如家樂福在臺灣舉辦的有獎作畫競賽，就屬於此類活動。

⑹有獎猜題競賽

要求參賽者根據商品的廣告主題來測算某種規格、重量、容量等等。

　　例如福特公司與可口可樂公司 1980 年曾在臺灣地區聯合舉行有獎競猜活動，請消費者猜一輛福特牌高頂客貨車的貨倉內可以裝多少易開罐的可口可樂，猜中者可以得到福特牌高頂客貨車一輛。這一活動被命名為「猜中肚量，送您一輛」，引起了公眾的注意和參與。

　　由於競賽規則規定參賽者必須到福特汽車經銷店填寫答案，引來了大量顧客前往福特汽車經銷店實地察看福特牌高頂客貨車，不少人由此瞭解到這種汽車的特殊性能和優點，從而帶動了銷售。

(7)贊助有獎競賽

　　即零售商場出錢或出獎品贊助各種有獎大賽，例如選美大賽、健康大使大賽、健美大賽、攝影大賽、模特大賽等，其前提條件是參賽人員使用的產品必須是該商場銷售的商品。

　　例如曾有幾家大型商場出錢或出物贊助「香港小姐」選美大賽，她們的要求只有一條，那就是參賽的小姐上場時穿戴的服裝、首飾、高跟鞋、絲襪、化妝品等，必須是這些商場出售的商品。當選美大賽開始時，各大商場的服裝部和首飾部經理就電視轉播比賽實況的同時，親自向電視觀眾介紹有關的情況。

　　其實，有獎競賽促銷的方式在實際中還有很多種，可謂五花八門，花樣繁多，我們上面所介紹的只是常見的幾種而已。

　　所有的有獎競賽活動都有一個共同特徵，即不要求參賽者提供購物憑證，其目的是通過競賽引起人們對促銷商品的注意，提高商品和商場的知名度，借此機會樹立商場的良好社會形象。

　　因此，有獎競賽活動在短時間內也許對商場的商品銷售沒有直接的促進作用，或者是作用不大，但它對零售企業的長期影響將是非常深遠的。只要這類活動策劃到位，就一定會有助於提升零售業的形象和社會地位，提高商品銷售額。

24

賣場內的 POP 宣傳促銷

業 績 提 升 技 巧

POP 廣告種類眾多，是賣場中能促進銷售的廣告。透過廣告簡潔的介紹商品的情況，從而刺激客戶的購買慾望，對提升營業額，有明顯的促銷效果。

無論是店頭促銷，還是現場促銷、展示促銷，都少不了 POP 廣告的大力相助。

POP 廣告（Point of Purchase Advertising）是指賣場中能促進銷售的廣告，也稱做售點廣告，可以說凡是在店內提供商品與服務資訊的廣告、指示牌、引導等標誌，都可以稱為 POP 廣告。

POP 廣告的任務是簡潔地介紹商品，如商品的特色、價格、用途與價值等，可以把 POP 廣告功能界定為商品與顧客之間的對話，沒有營業員仲介的自助式銷售方式，更是非常需要 POP 廣告的，需要 POP 廣告來溝通與消費者的關係。

1. POP 廣告的作用

POP 廣告的任務就是簡潔地介紹商品的有關情況，例如商品的特色、性能、價格、用途、價值等，從而刺激消費者的購買慾。

美國西爾斯百貨公司曾對本企業所使用的 POP 廣告的應用效果

進行了統計，表明：

- 幾乎所有的商品都可以採取 POP 廣告的形式進行促銷。
- 使用 POP 廣告之後，商品銷售總額可以有效地增加 30%。
- 對具體商品來說，大量陳列的商品採用 POP 廣告時，促銷效果最為明顯，可增加銷售額 45%；而對於定位陳列和端架陳列的商品，採用 POP 廣告時，也能增加 5%的銷售額。
- 採取 POP 廣告促銷商品，需要及時更新和替換。
- 採取 POP 廣告促銷商品時，需要向消費者明確指出促銷商品的所在位置，使消費者可以很快地找到促銷商品。
- POP 廣告的具體形式可以多種多樣，但是對於同一類商品來說，最好使用一種 POP 廣告形態。

2. POP 廣告對促銷的作用

⑴傳達店內的商品資訊。吸引路人進入超級市場；告知顧客在銷售什麼；告知商品的位置配置；簡潔告知商品的特性；告知顧客最新的商品供應資訊；告知商品的價格；告知特價商品；刺激顧客的購買欲；賣場的活性化；促進商品的銷售。

⑵創造店內購物氣氛。隨著消費者收入水準的提高，不僅其購買行為的隨意性增強，而且消費需求的層次也在不斷提高。消費者在購物過程中，不僅要求能購買到稱心如意的商品，同時也要求購物環境舒適。

POP 廣告既能為購物現場的消費者提供資訊、介紹商品，又能美化環境、營造購物氣氛，在滿足消費者精神需要、刺激其採取購買行動方面有獨特的功效。

⑶促進與供應商之間的互惠互利。通過促銷活動，可以擴大供應商的知名度，增強其影響力，從而促進超級市場與供應商之間的互惠

互利。

⑷突出的形象，吸引更多的消費者來店購買。據分析，消費者的購買階段分為：注目、興趣、聯想、確認、行動。所以，如何吸引顧客的眼光，達到使其購買的目的，POP 廣告功不可沒。

3. POP 廣告的種類

POP 廣告在實際運用時，可以根據不同的標準劃分。不同類型的 POP 廣告，其功能也各有側重，普遍使用的 POP 類型如下：

⑴招牌 POP。它包括店面、布幕、旗子、橫（直）幅、電動字幕，其功能是向顧客傳達企業的識別標誌，傳達企業銷售活動的資訊，並渲染這種活動的氣氛。

⑵貨架 POP。貨架 POP 是展示商品廣告或立體展示售貨，這是一種直接推銷商品的廣告。

⑶招貼 POP。它類似於傳遞商品資訊的海報，招貼 POP 要注意區別主次資訊，嚴格控制信息量，建立起視覺上的秩序。

⑷懸掛 POP。它包括懸掛在店內賣場中的氣球、吊牌、吊旗、包裝空盒、裝飾物，其主要功能是創造賣場活潑、熱烈的氣氛。

⑸標誌 POP。它的功能主要是向顧客傳達購物方向的流程和位置的資訊。

⑹包裝 POP。它是指商品的包裝具有促銷和企業形象宣傳的功能，例如：附贈品包裝、禮品包裝，若干小單元的整體包裝。

⑺燈箱 POP。店內中的燈箱 POP 大多穩定在陳列架的端側或壁式陳列架的上面，它主要起到指定商品的陳列位置和品牌專賣櫃的作用。

4. POP 廣告的策劃過程

店內的任何 POP 廣告都不是隨意推出的，必須經過一個週密的策

劃過程，這樣才能達到最佳的廣告效果。

⑴瞭解 POP 廣告的背景因素，配合新商品上市活動，並以既定的廣告策略為導向。

⑵瞭解消費的需求，引發最有創意的 POP 廣告，刺激和引導消費。

⑶POP 廣告必須集中視覺效果。

⑷POP 廣告最好與媒體廣告同時進行。

⑸瞭解商店和週邊環境的消費者情況，並聽取各種人員的建議或資料，作為 POP 廣告製作的依據。

⑹考慮好 POP 廣告的功能，費用預算，持久性，製作品質，運輸等問題的綜合平衡。

⑺計畫好 POP 廣告的時效性，因為 POP 廣告是企業整體營銷計畫的一個組成部份，其時效性必須與營銷計畫同步。

5. 手繪 POP 廣告的製作

POP 廣告的製作方式和方法繁多，應用材料種類不勝枚舉，這裏主要介紹超級市場中最具機動性、經濟性和親切性的手繪 POP 廣告的製作原則和內容。

(1)手給 POP 廣告的製作原則

主要是：容易引人注目；容易閱讀；消費者一看就瞭解廣告所要訴求的重點；有美感；有創意，有個性；具有統一和協調感。

(2)手繪 POP 廣告的說明文內容

手繪 POP 廣告的說明文內容對 POP 廣告效果的發揮十分重要，要十分認真地琢磨。一般來說，手繪 POP 廣告的說明文內容要用簡短、有力的文句來表現，字數應以 15～30 字為限；必須表現促銷品的具體特徵和內容，及其對顧客的效用價值；文字與用語要符合時代

的潮流和顧客的需求；要反映商品的使用方法；應該根據不同的消費層次來決定文字用句。

POP 廣告的說明文運用得好，會大大地促進商品的銷售。POP 廣告短語促銷效果的調查實例，由該表還可以看出，POP 廣告短語並非局限在「價格便宜」這種單一的文字訴求上，而是從各個角度刺激顧客對該商品產生深刻的感受，重點訴求的是該商品對顧客的效用價值。

POP 廣告短語促銷效果調查

商品	無廣告標語的一週銷售個數	利用廣告標語的一週銷售個數	增加率	陳列位置高度	POP 廣告短語
麥芽啤酒	51	75	47.1%	脖子	味道豐富的麥芽啤酒創造了味道豐富的晚餐
飯前水果	2	8	300%	脖子	代替水果沙拉，的飯前水果，簡單的水果冷盤。
濃縮桔汁	7	15	114.3%	眼睛	濃縮桔汁是有益於健康的冬天飲料。
番茄湯	37	63	70.3%	眼睛	想把湯做得更好吃嗎？
洗衣粉	8	21	162.5%	腰	到浴室洗短褲時可以帶去的粉量。
芥末	23	42	82.6%	腰	芥末是每戶的必需品。
清潔劑	123	222	80.5%	最下層	清潔劑用完了嗎？

POP 最基本的檢查項目

No.	檢查項目	實施校對
1	商品的 POP 與價目卡有無一致	
2	損壞或污染的 POP 有無更換	
3	模特兒的人體卡有無安置妥當	
4	單項商品有無分別安置價格卡	
5	在同一場合有無不必要或重複的 POP	
6	POP 或卡有無張貼不正	
7	安置 POP 的器具有無損壞或污染	
8	平臺堆積商品的 POP（廣告商品等）要正確安置	
9	要使 POP 清晰不妨礙視線	
10	有無事先記錄顧客的問題	
11	有無破壞商品利益的場合	
12	有無回答顧客問題的文件	
13	有無可發揮商品優點的文章	
14	用紙大小有無與商品配合	
15	文章或圖案顏色有無考慮到季節性	
16	有無錯字或多餘不當的使用	
17	不要用少見難認的字	
18	不可使用三種以上的顏色	
19	字數宜用 20 字以內	
20	有無使用專門用詞	
21	有無使用錯誤或雙重價格	
22	有無放置過時之物	

25

賣場如何聯合促銷

業 績 提 升 技 巧

零售業可採取縱向聯合促銷（指零售業與生產廠商合作），也可採取橫向聯合促銷（零售業者彼此合作）。聯合促銷可使雙方借助彼此的優點、特長，共同努力，贏得客戶信賴，以利商品推銷。

聯合促銷是指零售業聯合同行業企業（零售商店）或位於上游的生產企業，借助雙方各自的優勢和特長，共同策劃、開展商品促銷活動，通過共同的協作和努力，贏得消費者的信賴和支持，更好地銷售商品。

在聯合促銷中，零售業與生產企業共同舉辦的促銷活動稱為垂直縱向的聯合促銷，而由零售業之間共同舉辦的促銷活動稱為水平橫向的聯合促銷，如果將以上兩種聯合促銷相結合時，又可以稱為複合型聯合促銷。

根據專家研究，現在零售業開展聯合促銷的趨勢越來越明顯，也越來越頻繁，已經引起了零售行業經營管理層的高度重視。

1. 聯合促銷的優缺點

零售業和其他企業聯合開展促銷活動，既有有利的一面，又有不

利的一面。具體來說,其優點主要表現為可以充分發揮聯合企業的各自優勢。例如,零售企業可以發揮自己在商品銷售方面的優勢,生產企業則可以發揮自己在產品生產和研製方面的優勢,雙方進行優勢互補,共同促進,在合作中增加雙方的實力。

聯合促銷的另一個優點在於可以利用雙方的共同投資,開展有效的市場調研,瞭解消費需求形勢,開展具有針對性的商品促銷,增加企業的銷售額。

但是,聯合促銷也有不利的方面。例如雙方如何進行共同投資?收益如何分配?在促銷活動中各自處於什麼地位?出現產品質量糾紛如何解決?售後服務如何進行?諸如此類問題都需要仔細協商和探討,使聯合促銷活動開展得更加順利,效果更加理想。

2.聯合促銷的適用場合

零售業和其他企業聯合促銷時,主要適用於以下場合:

⑴新產品上市

聯合促銷方式非常適合剛上市的新產品,尤其是高科技新產品的銷售。因為這時候新產品還沒有得到廣大消費者的認可和接受,他們還不熟悉新產品的特點、用途、功能和性質,需要生產廠家和零售企業聯合起來,向他們詳細介紹新產品的有關情況。

由於合作夥伴的利益關係,合作雙方會將新產品不厭其煩地介紹給消費者,使他們最終願意接受或試用新產品,從而為新產品的銷售打開局面。

⑵費用不足或銷售力量薄弱

對於零售業和生產企業來說,都會存在一定的不足,例如零售業有可能存在資金不足的情況,而生產企業有可能存在銷售能力薄弱的情況,這兩方面的不足對兩類企業來說都是致命的弱點。

　　如何克服自身的不足，是這兩類企業獲得成功的關鍵因素。這時候，開展聯合促銷活動對於兩者來說，都是相得益彰的事：零售業可以緩解資金緊張的壓力，以優惠的條件從生產企業獲得產品，向市場銷售；生產企業則不用發愁產品的銷售問題，可以借助零售企業的銷售管道，將自己的產品迅速推向市場，同時還省掉了一部份產品推銷費用。

　　因此，開展聯合促銷活動，對於資金不足的零售業和銷售力量薄弱的生產企業來說，不失為一條互惠互利、共同促進、共同發展的有效途徑。

⑶緩解和消除市場競爭

　　這種情況主要是指零售企業之間為了有效地開拓和保護市場，避免無謂的競爭，而聯合起來開展的商品促銷活動。

　　一般來說，一個地區的商品銷售市場總是有限的，零售業不可能在短時間內將其範圍擴展到足以充分容納所有商品的程度。這時，為了各自的利益，所有的零售業都會展開你死我活的競爭，這種激烈競爭有時會使某些零售企業不得不賠本經營，苦苦支撐。

　　競爭的最終結果並不一定能夠增加整個行業的利潤，相反可能會使利潤降低。

　　在這種情況下，零售業之間開展有效的合作，顯然可以避免這種不必要的損害，保護已經建立起來的市場秩序，從而維護整個行業的利益。

　　零售業之間的有限合作就包括聯合促銷活動。例如日本著名的「7-11」便利店就曾經利用聯合促銷活動，獲得了巨額利潤。

　　「7-11」便利店從美國傳到日本之後，便在日本迅速發展，一時間「7-11」便利店無處不在，甚至每個街區都有好幾家這樣的商店。

由於這類商店的顧客主要是附近的居民和上班族，很少有額外銷售的機會，各家便利店的店主為了拉生意，有時將商品降價銷售。附近的便利店見到這種情況，也不甘落後，結果使得各家便利店幾乎無利可賺。

在這種情況之下，日本「7-11」便利店協會採取了有效措施，嚴厲禁止降價的惡性競爭，並且組織了一次大規模的廣告宣傳促銷活動，提出了「方便我的鄰居」的促銷口號，拉近了和廣大消費者間的距離，贏得了他們的認可。

經過這次聯合促銷之後，所有「7-11」便利店的銷售額比以往平均提高了一倍，「7-11」便利店在日本的地位也更加鞏固了。

心得欄 _____

26

透過現場展示的促銷術

業 績 提 升 技 巧

透過在公開場合的展示促銷，商店可加大宣染氣氛的程度，例如巧妙的陳列佈置、現場的美妙音樂，色彩的搭配強調、燈光投射等，喚起客戶的購買慾望。

商品現場展示促銷，是指零售企業為了加大商品的銷售力度，而在特定的時間內，針對促銷的目標顧客，以銷售商品為主要目的所進行的商品展示銷售活動。

1. 商品現場展示促銷的特點

(1)時間的特殊性

現場展示促銷活動並不是在什麼時候都可以隨時舉行的，舉辦一次現場展示促銷活動，需要做許多準備工作，例如：

· 準備現場展示促銷的商品，將促銷商品和非促銷商品分開，將促銷商品放在醒目的位置，方便顧客挑選和購買。

· 佈置促銷場地，注意燈光和色彩的搭配協調，將商品擺放有序，刺激顧客的購買慾望。

· 準備好相應的促銷設施，例如音響、影碟等，進行現場播放，對顧客進行指導和解說，以吸引顧客的注意力，增加促銷現場

的宣傳效果。

由於有以上許多工作要準備，因此現場展示銷售的時間性很重要。注意時間性問題，主要包括以下兩個方面：

①舉行現場展示促銷的最佳時間

在一年當中，並不是每個月份都適合舉辦此類促銷活動，因此主辦者需要根據自己產品的特點，選擇最佳的促銷時間。例如紡織品行業可以在 3 月份、9 月份舉行這種促銷活動，因為 3 月份是春季來臨、9 月份是冬季來臨的時期，這正是人們購買新衣服的時候，如果舉辦服裝展，就可以吸引消費者，引導消費潮流。

②舉行現場展示促銷的具體時間

現場展示促銷活動持續的時間既不應過長，也不應過短，通常限定在一週到兩週左右。因為主辦者為了舉行促銷活動，需要做大量的準備工作，如果時間太短，就達不到預期的促銷效果，但是如果時間過長，就會缺乏新奇感和吸引力，難以刺激消費者的購買慾望。所以，這類促銷活動最好是選定在有雙休日的時候，使人們可以在休息的同時進行購物。

(2)由銷售商舉行

現場展示促銷活動一般都需要一定的場地，因此這類促銷活動適合在銷售商的銷售現場進行，也就是說現場展示促銷活動的主體是銷售商。

不過，如果銷售商所銷售的產品是由其他廠家生產的，那麼銷售商可以和該廠家進行聯繫，由雙方聯合舉行現場展示促銷活動。例如由銷售商提供場所，由生產商提供產品，促銷方案由雙方共同擬定，但主體仍然是銷售商，而不是廠商。

例如百貨公司在冬季來臨之前，準備舉行一次羽絨服現場展示促

銷活動。為了將這次促銷活動搞好，百貨公司可以和國內各家羽絨服生產企業聯繫，由羽絨服生產企業提供羽絨服裝，百貨公司則提供銷售場地，由雙方共同擬定促銷方案。由於這種促銷活動是在百貨公司進行，因此，百貨公司應該居於主導地位，對促銷工作投入更多的人力和物力，例如派專門的服務人員和導購小姐，為前來購買羽絨服的顧客進行導購服務。

⑶以目標顧客為對象

現場展示促銷活動的最終目的，在於促使潛在的需要者購買商品，因此它並不像示範表演促銷活動那樣講求演示效果，不管現場觀眾是否購買，只要達到了演示的效果，就算完成了促銷的目的；它要求是吸引目標顧客購買促銷的產品，以實現多少成交額來計算其效果。

因此，現場展示促銷的主要對象，是在促銷活動開展之前就進行了調查的預期目標顧客，至於那些完全沒有購買意圖的消費者，則不是這類促銷活動的針對目標。

所以，在舉行這類促銷活動之前，主辦者一定要進行充分的市場調查，進行準確的市場定位，搞清楚目標顧客之所在，然後以最佳的促銷方案來吸引目標顧客。

例如，書店在兒童節到來之前，準備舉辦一次兒童圖書展銷活動，那麼它的目標顧客就是少年兒童，至於其他年齡層次的讀者，則不是這次圖書展銷活動的促銷對象。

因此，書店可以將兒童圖書擺在最醒目的位置，同時在櫥窗和書店外面貼上展銷的廣告，甚至還可以向附近的居民社區散發宣傳單，上面詳細寫明展銷活動的具體事宜，例如購買一定數額的圖書，可以打折優惠，以吸引目標顧客——少年兒童及其家長前來購買。

　　再如，生產製作各類生日蛋糕的蛋糕坊，現在就非常流行現場製作銷售，由製作人員在透明的玻璃房內，穿上乾淨潔白的制服，製作各種各樣的蛋糕。這樣，人們就可以知道蛋糕的製作加工過程，而且可以保證蛋糕的衛生和質量，使人們放心地購買。

2.展示現場的設計

　　展示現場的設計包括場地佈置、櫥窗設計、商品陳列等問題。現著重介紹場地佈置有那些要求：

　　在舉行現場展示促銷活動的時候，場地佈置要求如下：

　　充分展現商品的特色。例如美國有家服裝精品屋，將古埃及文化與其商品完美結合，通過創造古埃及廢墟意境和悠久燦爛的藝術將服裝映襯得無比高貴典雅，整個展示現場猶如一座雄偉高大的古埃及宮殿的遺跡，促銷的商品放置在一些特意製造的斷牆、舊竹竿上，讓人如同進入一個絕妙的夢境。

　　方便顧客。這主要是指適應顧客的購買習慣，方便顧客選購，節省購買時間。同時，要根據顧客的心理感受，合理選擇佈局陳列和光聲色味，使顧客樂於光顧，樂意在店內購物及消遣。如果有可能的話，還應該為顧客提供相應的服務，例如查詢處、洗手間、餐廳、娛樂室等，讓顧客有「賓至如歸」的感覺。

　　通暢高效。展示場地的佈置要與商場的整體佈局相協調，所促銷商品既要放在最醒目顯眼的地方，又不能阻礙顧客進入商店挑選其他商品的通道，因此場地佈置要體現通暢高效的原則。

　　充分利用燈光的作用。在佈置展示場地的時候，除了要利用自然光線之外，還應該有意識地利用各種人造光。因為一般的商場都是多層建築，在陰雨天，或者店堂深處以及夜晚，自然光線當然無法滿足照明需求，這時就需要利用人造燈光，以烘托促銷商品，利用人造光

豐富多變的特點，製造變化無窮的動感，吸引消費者的注意力。

充分利用音樂的作用。現場展示促銷的是一些比較富有情感的商品，例如服裝、絲綢、影碟、藝術品時，如果能夠播放一些優雅動聽、令人陶醉的音樂，就會對顧客產生強烈的感染力，使顧客在美妙的購物環境中悠閒地漫步，並挑選自己滿意的商品。

充分利用色彩的作用。每種促銷的商品都有特定的顏色，如果在佈置展示現場時，能夠選擇與促銷商品顏色相配合的色彩，那麼就會達到產生極好的襯托作用。

例如，在茶葉專賣店，為了烘托現場氣氛，就可以利用深紅色、茶綠色來點綴一種古香古色的環境，同時可以配以優雅的音樂和柔和的燈光，就可以吸引消費者。

展示銷售依其商品，也可分成兩種形態。一種可以運用實地商品功用的操作，配合示範推銷技術，吸引人購買；一種則無法實際去示範，純靠話術來推銷。如萬能鍋，可當場示範蒸、煮、炒、烤……等；而電子錶就無法示範了。仔細推敲，要達成展示銷售的成果，也是一門大學問。

展示場地的選擇、推銷話術技巧的準備訓練、氣氛熱鬧的場面製造、促銷策略的運用、如何激起群眾盲目的購買慾等等，都是很值得研究與學習的。除了一般屬於暴利型或短暫性商品，較可能採用此種方式銷售，則有很強的宣傳因素在內，還是有其長遠效益存在的。

剛開始加入銷售行列時，擔任的是家電業分期付款員，因公司知名度蠻高，且經銷店無法直接銷售時，會介紹顧客辦分期付款，從中賺取佣金。也有客戶自動上門，同時業務員都會找幾個當捎客；如村裏長、店鋪老闆、或客戶中較熱心的或較好財的三姑六婆等等，是業務推展的主要來源，是屬於較被動性的。如吃冰、問路找人達成推銷，

多半很少業務人員肯去費心思。因業績來源雖較被動，但足以達成公司要求，少有人肯再多費心思。

剛加入業務行列時，想調區，但主管的條件是看表現，只要打破公司要求的 300%業績，馬上調區。努力拼了 2 個月都達成 200%以上，卻無法突破 300%。於是左思右想，絞盡腦汁，想出展示銷售的方法，因為是大家電，所以很麻煩，且曾有同事辦過效果不彰，全潑冷水，年輕時總有股傻勁，不願服輸，別人不能我偏能。

開始獨自籌劃，百貨公司是不可能，多半有專櫃，且佔地租金又大，只有找工廠、公司，而工廠、公司所能展售的時間必須考慮，中午午休時間，上班中有 10 分鐘的休息時間，效果恐不佳；再說家電多半必須針對婦女。於是得出一個結論，要找的展示工廠最佳的條件是：三班制、婦女員工多、公司工廠要大，展示空間要大，租金要便宜。終於挑到一間合乎以上條件的大工廠，上千人的大工廠，經過交涉安排展示日期為 5 日，租金每日才 200 元，很便宜，又特別送該福利社主辦一些禮品，拜託其展示時偶爾說一些好話。另外，向其詢問該工廠各部門的主管名單，結果只得到了 6 名而已。

展示前利用晚上帶些禮品，去拜訪那 6 名主管(並非大主管)，說明來意並介紹公司商品及分期付款的好處等等，最主要想請他們在展示時，幫忙說些好話及假裝訂購，如此更可使其他員工產生信心及下決心，主管都買了，大概也錯不了，因而帶動購買慾。人就是喜歡受人尊敬，並證明肯定自己的影響力，該 6 名主管中有 5 位，看了商品目錄及說明，即表示願意真正訂購音響及電視等，等展示時辦手續，且強調是真的要買。推銷成功，公司及商品也有相當的影響力，並非全是業務員的功勞。

展示當日，第一天即造成相當轟動，一人手續辦不過來，還請該

福利社主辦來助一臂之力，尤其那 6 名事先拜訪的主管，只要休息時就來幫忙說好話，又帶頭訂購辦手續，連帶的鼓舞保證人順便訂購。分期付款最大的說服力，即每月只須花幾百元或 1000 多就可擁有一台超級音響、彩視、冰箱……等，辦嫁妝既方便又風光，實在有太多說服人的技巧可供利用。尤其首日單槍匹馬，忙得鼻血直流竟不自知，許多女員工提醒並很有同情心地留下地址，約定改日到府上辦理手續。

當然，主管第二日便親自上場並派一員加入展示行列。5 日的成績完成了 509 萬的業績，300%是 540 萬，此月要打破 300%的業績實在易如反掌，嘴裏含冰。本來就有 200%的實力，再加上這 5 日業績幾近 300%，手上尚有 7、8 件預約的訂單，該月的業績如何不難想像。總公司甚至派處長、經理、課長前來慰勞一番——大請客。

心得欄 -

- -

- -

- -

- -

- -

27

現場動態表演的促銷技巧

 業 績 提 升 技 巧

> 現場的動態表演,是商店的另一種極具誘惑力的促銷
> 手法,它常由零售業與生產廠商聯合舉辦,針對特別的客
> 戶群,所展示最新產品而做的現場動態、示範表演。

現場表演是由零售業和生產企業聯合,為了展示最新商品針對特
定顧客的商品現場示範表演。在這種現場表演上,生產企業可以和零
售業達成協定,簽訂供貨協定,達到銷售商品的目的。

1. 現場表演促銷的目的

商品現場表演並不僅僅是為了展示各種不同類型的商品,它還承
擔著另外一些任務,主辦者希望通過表演活動達到各種不同的目的。
這些目的具體來說有以下幾種:

(1)以產品促銷為目的

這是主辦者舉行商品現場表演活動的最直接的目的。例如時裝表
演活動中,時裝模特兒身上穿的各種最新款式的服裝,是時裝設計公
司預定銷售的產品,它以促進顧客購買為目的,從這點來說,時裝表
演的目的當然是為了打動消費者,增加產品銷售。

對於服裝生產企業來說,舉行時裝表演活動的目的是為了吸引批

發商、零售商前來訂貨。因此，服裝生產企業的促銷對像是批發商、零售商、服裝採購者。

對於服裝銷售企業、百貨公司等零售業來說，舉行時裝表演活動的目的則是為了吸引直接的消費者，因此其促銷對象則以大眾消費者為目標。

(2)以發佈新聞為目的

能夠開展現場表演促銷活動的零售業或生產企業，在開展現場表演時，不僅希望顯示自己的產品（或商品）風格，而總是具有更多的功利目的。因此，舉行商品現場表演活動的另一個目的，就是起到新聞傳播的作用，使社會公眾瞭解企業的最新商品情況。

為了達到這一目的，主辦者可選擇適當的時機，請來相關媒體，報導現場演示的各種最新商品，以展示新商品的魅力和風采。

(3)以解釋商品和建議購買為目的

一次商品現場表演可以實現多種目的，向觀眾解釋商品就是其目的之一。例如在服裝商場的現場表演活動上，當模特兒穿著時裝上臺表演時，觀眾不僅可以看到時裝的款式，還可以欣賞服裝的色彩、質地以及價格，使他們對服裝有一個比較全面的瞭解。

通過這種現場表演，主辦者可以向消費者解釋它是什麼樣的服飾、為什麼現在流行這種款式、將來的流行方向，使觀眾能夠瞭解服飾的最新發展趨勢，以期能夠直接與服裝銷售相結合，以達到建議顧客購買的目的。

女性內衣的時裝表演促銷

　　黛安芬國際時裝有限公司創建於 1886 年，最初這家公司只有 6 部縫紉機，職工人數也少得可憐。但是，經過 100 多年的發展，黛安芬國際時裝有限公司現在已經將其銷售網站擴展到了世界各國。到 1994 年，黛安芬生產的女性內衣已經聞名於全世界，在世界各個國家的內衣生產企業，黛安芬雇傭的成千上萬名職工正在生產製作女性內衣，然後銷往世界各地。

　　「黛安芬」的成功，除了得益於企業產品的優異質量和不斷創新之外，還得益於該企業開展的各種促銷活動。在這些促銷活動中，「黛安芬」運用得最為出色莫過於時裝表演活動。

　　自從 20 世紀 50 年代以後，黛安芬國際時裝有限公司就經常舉辦各種時裝表演活動，向市場推介公司最新款式的女性內衣。下面我們就以 1970 年該公司在臺灣舉行的一次時裝表演活動為例，介紹它是如何利用時裝表演活動開展促銷宣傳活動的。

　　黛安芬女子內衣表演是一個最具有魅力的表演，他們每到一處都要演出 5 場，每場 15 幕，每一幕都有一個主題。或者是以某一國的習俗，或者以某一國的歷史為主題，由那些經過嚴格選拔的模特兒演繹出來。他們用優雅的芭蕾舞、五彩的燈光、美妙的音響、奇異的佈景、新穎的服飾和幻覺般的設計，穿插配合，整個現場飄逸著柔和美妙的氣氛，模特們的一舉一動，都令人心動不已；每一個場面，都令人叫絕。它超越了傳統的服裝表演形式，每一幕都掀起了高潮，使觀眾的心在沸騰，在燃燒。

　　「黛安芬 70」環球時裝表演，是一場完美無瑕、無懈可擊的

時裝表演。完美無瑕的是：優雅的燈光、調和的色彩、美妙的音樂、迷人的舞姿，揉和出真善美，在無言中導引仕女們進入最新流行的行列。無懈可擊的女內衣著於一個焦點，從晶瑩的肌膚到璀璨的衣飾，從閃亮的銀鞋到奪目的髮冠，都在寧靜中譜出：「明日的美，誕生於今天」。

一次成功的時裝表演活動，需要多方面的積極配合，「黛安芬」時裝表演活動正是這方面的成功典型。在這次活動中，不僅時裝表演模特兒是一些訓練有素、善歌善舞、身材苗條的專業模特兒，而且有其他方面的演員、技術專家，加上場地設計細緻週到，全體人員密切合作，激起了廣大觀眾的參與積極性，對於提高「黛安芬」的品牌形象大有裨益。

2. 現場表演促銷的特點

(1) 新聞宣傳性

現在的商品現場表演促銷活動，已經和以前的表演大不相同。以前的商品現場表演往往場地狹小，人數不多，只有某些具有特殊身份的人（例如專家）才可以前來參觀。而現在的商品現場表演一般選在場地寬闊的地方，可以容納許多人同時觀看，不僅有銷售商，普通消費者也可以欣賞；而且表演現場佈置也有一定的講究，對於企業來說具有非常大的新聞宣傳價值。

由於現場表演使用的是特定的空間，如果籌畫得當，還可以吸引電視、報紙、廣播等新聞媒體的注意，使這些新聞媒體報導表演活動，擴大影響力。

(2) 吸引最終消費者

以時裝表演為例，時裝的現場表演是一種立體的現場演示活動，表演一般採用真人實物來展現服裝的各種特點，通過時裝模特兒輕盈

的姿態、細微的表情、飄逸的風采,可以向觀眾傳達一種說服的效果。

由於時裝模特兒一般都經過特殊培訓,通過他們的表演,可以從全方位展示時裝的魅力,吸引在場的普通消費者,而這些普通消費者也往往是時裝的最終消費者。只要打動了這些最終消費者,時裝表演促銷活動的目的也就達到了。

⑶主辦者多樣化

仍以時裝表演為例,現在的時裝表演活動的主辦者,已經不再僅僅局限於高級時裝店或服裝設計公司,一些大型的服裝銷售企業、超級市場、百貨公司為了吸引消費者,也紛紛舉辦時裝表演活動。

這些時裝表演活動的主辦者或者單獨舉辦時裝表演活動,或者與不同的單位聯合舉行時裝表演活動,例如服裝銷售企業和服裝設計公司、紡織企業共同舉辦時裝表演活動,一方面有利提升服裝銷售企業的銷售額,另一方面可以為服裝設計公司進行社會宣傳,擴大其市場知名度,同時還可以為紡織企業進行市場宣傳,可謂一舉三得。

3. 注意事項

儘管商品現場表演活動對於生產企業、銷售業(例如百貨商店、大型超市)等組織都具有宣傳和促銷的作用,但是在開展商品現場表演促銷活動的時候,主辦者需要注意某些細節問題。具體來說,主要有以下情況:

⑴選擇適當的表演場地

主辦者在開展商品現場表演活動之前,首先要對商品現場表演活動的規模做到心中有數,知道表演活動邀請的嘉賓、聯合組織一共有多少,以保證嘉賓和聯合組織的現場觀看效果,同時還要保證觀看的其他群眾具有較好的視覺效果。

(2)明確表演活動的主要目的

商品現場表演活動的目的可以多種多樣，但是主辦者必須明確商品現場表演活動的首要目的。因為對於不同的商品現場表演來說，其主要目的並不一樣，例如有的商品現場表演主要目的在於促銷商品，有的商品現場表演主要目的在於招徠觀眾，有的商品現場表演在於宣傳、介紹最新商品。

因此，主辦者在舉行商品現場表演活動時，一定要弄清楚表演活動的首要目的，不能主次顛倒。

(3)做好與宣傳媒體的聯繫工作

零售業舉辦商品現場表演活動，沒有新聞宣傳媒體的參與，顯然是難以取得預期的效果的。新聞媒體具有廣為告知的功能，尤其是那些具有眾多觀眾或聽眾的新聞媒體，如果能夠取得它們的參與和支持，對於商品現場表演活動的宣傳就更加有利。

因此，當主辦者準備舉辦商品現場表演活動時，應該事先聯繫好新聞媒體，請來有關的新聞記者，讓他們在媒體上宣傳報導商品現場表演的有關情況，並盡可能詳細地報導關於商品本身的情況，讓觀眾或聽眾更多地瞭解相關情況。

28

賣場如何善用巡迴流動促銷

 業 績 提 升 技 巧

將商品放置到汽車上，可隨時將流動售貨車開往各
處，機動性、靈活性更高，銷售機會大增，改變以往「商
店坐等客戶上門購買」的不利局面。

「長腿的店舖」就是指零售業將商品放置在可以到處巡迴流動的
設備上，例如流動售貨車就是這樣一種設備，只要配備司機和服務
員，將需要銷售的商品準備好，一輛可以自由流動的售貨車就可以到
處自由銷售商品了。

1. 巡迴流動促銷的特點

巡迴流動促銷作為一種以流動為特徵的促銷策略，和早些時候出
現在鄉村的賣貨郎性質有些相似，只不過銷售的商品更多。它具有以
下的優點、缺點。

(1)巡迴流動促銷的優點

巡迴流動促銷的優點主要表現在以下幾個方面：

①機動靈活

巡迴流動促銷主要利用流動售貨車在各地銷售商品，可以將商品
隨時送到大街小巷，不像固定的商店那樣，只能坐等顧客上門。因此，

巡迴流動促銷的機動性、靈活性,使它具有更強的競爭力。

②方便性

巡迴流動促銷的方便性主要表現在兩個方面:一是流動售貨車可以根據人們的需要,隨時增補商品;二是將人們需要的商品送到人們手中,使那些沒有時間到商店購物的人,在家門口就可以買到自己需要的東西。

③費用低廉

巡迴流動促銷除了需要配置一名司機和幾位服務員之外,只需要一些簡單的設備,還可以省掉一大筆房租。因此,所需要投入的資金並不多,零售企業可以獲得較高的利潤。

④直接性

這是指流動商店可以直接和各個地方的消費者打交道,瞭解他們的真實需求,掌握第一手的市場訊息,並按照他們的需求來配置商品,省掉了市場調查的過程和調查的費用。

⑤提升企業形象

對於零售企業來說,巡迴流動促銷可以最大限度地接觸各個地方的消費者,有效地瞭解消費者的需求傾向,並盡可能滿足他們的需要。在為消費者服務的過程中,零售業的員工可以通過自己的實際行動,在消費者心目中留下良好的印象,使消費者進一步增加對零售企業的瞭解,從而提升本企業的形象。

⑵巡迴流動促銷的缺點

巡迴流動促銷的缺點,主要表現在以下幾個方面:

商品的種類和數量有限,由於受到流動售貨車空間的限制,每次攜帶的商品種類和數量都不可能太多,尤其是那些大件商品,例如家用電器、流行服裝等,不能在流動售貨車上展示,因此難以滿足所有

人的需要。

　　同樣，由於流動售貨車空間的限制，服務員在向顧客介紹商品的性能、特徵時，對於有些需要現場演示的商品，有可能難以全面介紹，從而使促銷的效果大打折扣。

西屋兄弟的流動售貨車

　　日本的西屋兄弟起初開了一家雜貨店，主要經營人們日常所用的各種小商品，例如針線包、糖果、煙酒，以及各種調味品等。由於雜貨店的生意比較固定，客戶都是住在附近的一些居民，雖然可以勉強維持下去，但是要想進一步擴大規模，卻很難做到。

　　為了增加銷售收入，西屋兄弟開始思考對策，希望能夠找到可以將生意擴大到其他地區的方法。最後他們發現，如果將人們經常購買的各種商品裝在可以自由流動的售貨車中，那麼就可以實現他們的這種願望，因為這相當於使商店長了兩條腿，不論什麼地方的人們需要購買商品，不用出門，流動商店就可以送貨上門，大大方便了消費者，同時也可以增加商店的銷售收入。

　　於是，西屋兄弟想出了一個巧妙的辦法來解決這一設想：他們找來許多四輪車，用牛、馬拉著這些四輪車，上面裝上各種人們經常購買的商品，到大街小巷去賣。

　　最初，這些牛、馬拉的四輪車只是在城市裏面四處跑動，後來西屋兄弟發現這些車容易污染街道，引起人們的不滿，因此他們就將這種流動商店轉移到鄉村，專門做鄉村的生意。至於城市，西屋兄弟則買來一些退役的大客車，重新請人將這些大客車加以改裝，然後裝上各種商品，準備到各條街道流動售貨。

　　為了擴大影響，西屋兄弟在報紙上做了一次非常奇特的廣告宣傳，這次廣告使得他們的流動商店還沒有開張，就已經遠近聞名了。

　　他們在報紙上宣稱：「3天之後，有一家長了腿的百貨商店會在全城的大街小巷巡迴流動，人們可以在上面買到自己需要的各種東西」。由於當前的百貨商店都是地點固定的，因此這則廣告引起了人們的強烈好奇心，因為在人們心目中，都自然而然地認為這種長了腿的商店一定會非常奇特，他們在翹首盼望著流動商店的早日到來。

　　第二天，西屋兄弟又在報紙上做了廣告宣傳，宣稱流動商店已經長出了兩條腿，而且它的名字叫「西屋兄弟商店」，兩天以後就可以在大街上出現了。這又引起了人們的好奇心。

　　第三天，西屋兄弟打出了最後一則廣告，宣稱西屋兄弟商店一共長出了6條腿和20雙手，明天上午就會出現在某某街道上。

　　到了第四天，西屋兄弟宣稱「西屋兄弟流動商店」正式開業，並且打出了巨幅廣告宣傳畫，引起了人們的極大關注。

　　這一天，人們都早早地來到了廣告中提到的某某街道，焦急地等待著「長腿的」商店的到來。人們終於迎來了一輛有6個輪子的大客車，上面醒目地寫著「西屋兄弟流動商店」，車上還伸出了20雙「手」，透過明亮的車窗可以看到各種商品整齊有序地擺放在貨架上。原來這就是大家盼來的「長腿商店」！

　　許多人看到這種流動售貨車之後，都開心地笑了，因為在這以前他們從來都沒有見過這種流動售貨車；更為重要的是，這為他們提供了極大的方便，尤其是老人再也不用跑那麼遠的路去商店了，這無疑可以吸引老年顧客。

當流動售貨車剛一停下來的時候，人們就一窩蜂似地擁上前去，爭相選購自己需要的商品。這時候，正好有一些新聞記者路過那裏，他們拍了許多照片，刊登在第二天的報紙上。於是，整個城市的人都知道了西屋兄弟流動商店的名字。

很快，西屋兄弟流動商店的生意一天天紅火起來，業務規模越來越大，便成為零售行業中一支新興的力量。

由於這種流動商店成本較低，利潤相對較高，其他的零售商店也紛紛仿效，成為西屋兄弟流動商店的競爭對手。為了在激烈的競爭中脫穎而出，西屋兄弟又開始想起了新方法——他們打算將流動商店開到東京，進入這個全國經濟和文化中心，創建一個全國性的品牌。

當西屋兄弟流動商店進入東京之後，除了不斷完善商品組令，並且提高服務質量之外，他們還十分注重形象宣傳，使各家報紙都稱他們兄弟為「流動商店大王」。

「流動商店大王」這一榮譽稱號給西屋兄弟帶來了新的商機。他們逐漸擴大了經營範圍，除了在商品零售領域繼續保持領先之外，還開始經營流動飲食店、流動電影院、流動茶館、流動書店等等，成為名副其實的「流動大王」。

2.巡迴流動促銷的注意事項

零售業在開展巡迴流動促銷活動時，需要注意的問題包括以下幾個方面：

(1)商品的展示和陳列

由於流動售貨車的空間有限，不可能將所有的商品都展示、陳列出來，因此在展示、陳列商品時，應該挑最引人注目的、最吸引消費者的商品來展示，而且要儘量體現其美觀和欣賞價值。

⑵商品的配置

同樣的道理，因為流動售貨車的空間限制，不可能將所有的商品都大量配置，這時候就應該根據以往的銷售經驗以及收集到的消費者需求資訊，有所側重地配置商品，對於需求量大的商品多準備一些，而對於那些需求量比較小的商品，只要稍微攜帶一些即可。

⑶商品的價格

對於消費者來說，他們之所以願意在流動售貨車上購買商品，一方面是為了圖方便，不用跑到商店去購物，另一方面當然也和價格因素有關係。如果流動售貨車中的商品價格過高，那麼人們就會放棄購買。因此，聰明的商家不會利用巡迴流動售貨的機會向消費者提高商品的價格，而是堅持價格公道，服務週到，讓消費者以合適的價格買到滿意的商品。

心得欄 ------------------------------

29

善用促銷時機

 業 績 提 升 技 巧

　　零售業要找到各種有利的促銷時機，可謂名目繁多，不勝枚舉，具有紀念性的「節日促銷」，就是零售業最佳促銷日子。

1. 善用節日來促銷

　　零售業促銷的時機可找出許多，關鍵還要靠零售企業自行把握，選擇對自己最有利的促銷時機，例如「節日促銷」就是一個例子。

　　節日是人們為了紀念某些特殊的日期，而特定的具有特殊意義的時間。除了各種國際節日之外，還有許多具有民族傳統特色的節日。不論是國家和企業事業單位，還是消費者個人，都非常重視節日。有些節日甚至是舉國歡慶，全民共樂，如勞動節、國慶日、春節等節日，全國都要放假休息，給人們創造一個全家團圓的機會。

　　對於零售業來說，具有促銷意義的不僅是這些假期較長的節日市場，那些具有民族傳統文化特色的節日同樣也是舉行促銷活動的絕好時機。事實上，那些精明的商家已經從節假日市場中獲得了驚人的利潤，每當節假日來臨之前，他們都要進行精心策劃，以爭取獲得更多的利潤。

例如，有一家飯店，有一年在九九重陽節來臨之前的一個星期，在電視上打出廣告，聲稱在重陽節這個星期為全市所有 80 歲以上的老人免費贈送一桌壽宴，所有陪同老人前來就餐的顧客一律免費招待；所有 75 歲以上的老人前來做壽，一律 8 折優惠。

這一廣告播出之後，立即就有人打電話前來詢問。這家飯店專門安排了一位小姐向顧客解釋這次活動的具體情況。第二天，就有一位老人帶著家人前來飯店做壽，飯店果然免去了所有的費用，還為老壽星送上了一份生日蛋糕。

飯店的這一做法很快就傳了出去，在接下來的幾天，前來飯店做壽的老人接連不斷。據這家飯店統計，在重陽節這個星期，飯店一共為顧客免費送上了 10 多桌酒宴，平均每桌酒宴花費為 300 元，僅此飯店就花去了 3000 多元。

就在有人認為這家飯店只是花錢買名聲時，意想不到的事情發生了。凡是陪同老人前來飯店就餐的顧客，因為知道飯店的服務質量和飯菜質量，此後只要是他們出來吃飯，總是毫不猶豫地選擇這家飯店。而那些隨他們前來的顧客來過一次之後，也都被這家飯店優異的服務質量所吸引，以後也都只到這家飯店吃飯。從此，這家飯店的生意一直非常紅火，成為當地有名的大飯店。

這家飯店的促銷方式，就在於抓住了尊老敬老的文化傳統，在重陽節到來之前，打出了免費為老年人送酒宴的廣告，而且在飯菜質量和服務質量上沒有絲毫馬虎，所以獲得了顧客的信賴，使他們成為飯店的忠實顧客。

像重陽節這樣的具有民族傳統的節日還有很多，例如春節、端午節、中秋節等，如果企業能夠抓住這些節日的特色，推出與之相符合的商品，就可以獲得相應的利潤。

　　儘管零售業在節日期間開展促銷是一個大好時機，但並不是說任何節日都可以開展促銷活動。例如對於銷售糕點等禮品的零售業來說，春節、中秋節等具有民族傳統文化特色的節日，由於人們比較注重給親朋好友送禮，因此包括糕點在內的禮品銷售會比較好，如果零售業能夠抓住這一有利時機，採取適當的促銷策略，一般都會收到很好的效果；而在其他節假日，就不一定有利於開展促銷活動。

　　利用節日開展促銷，需要注意以下事項：

· 注意商品的特點，使促銷的商品能夠與節假日的市場需求相符合。

· 充分開展市場調查，抓住節假日市場需求趨勢，根據市場需求提供相應的商品。

· 充分展現商品的特色，與同類競爭商品區別開來。

· 賦予商品深刻的內涵，儘量使商品能夠體現民族傳統文化特色，以吸引消費者的注意力。

· 選擇最佳的促銷地點，使促銷的商品被消費者廣泛接受。

2. 商場開張的促銷

　　開張是每家商店和企業的一件大事，為了使事業有一個良好的開端，開張促銷成為許多商家的一種非常自然的選擇。

　　開張促銷的形式多種多樣，例如：

· 特價銷售，對部份商品或者所有商品採取減價方式，以一定的折扣銷售給顧客。

· 贈送紀念品，即在開張期間一定時期內（例如一個星期或半個月）對所有前來購買商品的顧客贈送紀念品，這種紀念品上最好是打上企業的標記。

· 贈送貴賓卡，在規定的時間內，對於前來購物的顧客贈送折扣

卡，顧客可以持卡在規定的時間內享有折扣優惠。

當然，對不同行業、不同類型的企業，由於其經營範圍不同，所針對的客戶群體也不一樣，因此在開張的時候採取何種形式的促銷方式，也會有所不同。零售業應該針對自己的具體情況，採取最適合的促銷方式。

開張促銷固然是件好事，它既可以讓消費者在消費的時候得到更多的好處，同時又可以使開展促銷活動的零售企業進行自我宣傳，擴大社會影響，提高在消費者心目中的知名度；但是，如果處理不當，開張促銷不但起不到應有的效果，還會影響企業的聲譽，在消費者心目中造成惡劣的印象，與促銷的初衷相違背。

因此，零售業在舉行開張促銷活動的時候，必須注意下列：

· 促銷活動要別開生面，吸引消費者的注意力。
· 用於促銷的物品要具有紀念意義，例如水果刀、打火機之類的促銷物品，上面最好是打上本企業的標誌。
· 儘量採取對顧客具有長期吸引力的促銷方式，例如贈送定期優惠卡、貴賓卡，使消費者成為本商場的忠實顧客。
· 注意促銷活動的經濟性，既不能增加企業的經濟負擔，又要使促銷活動具有足夠的吸補力。

有家商場在開張的時候舉行了贈送貴賓卡的促銷方式。該商場規定，只要顧客一次性消費達到規定的金額，就可以立即獲得免費贈送的貴賓卡，而且可以當場享受貴賓價格的優惠待遇。

持有貴賓卡的消費者，除了可以在價格上享受更多的優惠之外，還可以選擇在該商場中附設的餐廳用餐，而且不用付包間費，同時餐廳還會為顧客送上各種精美的小禮品。

為了讓更多的人來商場消費購物，該商場還鼓勵消費者將自己的

貴賓卡借給他人使用，而不限定由某一個人專門使用；如果同一張貴賓卡在相同的時間內使用的次數更多，所花的價錢越多，那麼享受的折扣和服務也就更多。

由於這種促銷方式對於消費者具有極大的吸引力，對於那些經常需要購置辦公物品的企業經營管理者來說，是一種非常合算的消費方式，因此他們都樂意接受這種促銷方法。所以，該商場也就通過這種促銷方法擁有一大批比較固定的顧客。

為了使客戶滿意，該商場每當某個特殊的節日到來之前，都會給這些客戶送去禮品，以感謝他們對自己生意的照顧，由此也加強了和客戶的聯繫。

3. 迎季促銷

這種促銷時機適合那些產品季節性較強的行業，服裝生產、銷售企業最為典型。

因為在不同的季節，人們要穿不同的服裝；而且除了服裝的實用性之外，人們現在更加注意服裝的式樣、款式，希望服裝能夠增加自己的形象美。因此，服裝生產、銷售企業每到新的季節來臨之前，或者舊的季節即將過去的時候，為了增加新產品的銷售量，或者是為了將庫存的服裝銷售一空，減價促銷就成為一個明智的選擇。

對於化妝品專賣店來說，利用換季或迎季的時機開展促銷也是比較理想的。例如在炎炎夏日來臨之前，化妝品公司可以舉辦防曬演示會，教消費者學習如何使用各種防曬霜，來保護皮膚不受強光的傷害。這樣，一方面可以製造學習高潮，達到教育的效果，另一方面又可以推銷化妝品，實現銷售的目的。

除了以上各種具體的促銷時間之外，零售業還可以找到各種各樣的促銷時機，例如：

- 併購促銷。也就是指零售業併購其他企業之後，為了表達對社會公眾的感謝，所開展的促銷宣傳活動。

- 婚慶促銷。也就是指零售業針對青年新婚夫婦所開展的促銷活動，例如零售業可以在廣告中告知那些準備結婚的青年男女，可以憑其證件在商場享受購物打折優惠，以此來促進商品銷售。

- 轉行促銷。也就是指零售業由於要改變自己的經營方向，而將那些不再適合銷售的商品進行促銷，以加快資金週轉，盡可能多地收回現金。

其實，商場猶如戰場，零售業應該盡可能利用各種促銷的機會，既增加商品的銷售量，又擴大本企業的社會知名度，提高本企業在消費者心目中的地位，充分發揮促銷的多種功能和效用。

波斯登公司是一家生產羽絨服的著名企業，為了擴大市場佔有率，成為羽絨服行業的「巨無霸」，波斯登公司多年來一直堅持減價讓利銷售的策略。例如在 2001 年冬季到來之前，該公司就和全國各地的零售企業聯合舉行折扣優惠銷售等活動，所有羽絨服 8 折到 8.5 折銷售，比起同類羽絨服，不僅質量優異，而且價格便宜，吸引了廣大消費者購買。

採取連鎖經營方式的另一家服裝專賣店，在春、夏、秋、冬各個季節都會開展促銷活動，在每一個季節來臨之前，該服裝專賣店都會在櫃檯上擺出最新款式的各種服裝，吸引那些追求時尚的青少年消費者；而在此之前，專賣店會將上一個季沒有賣完的各種服裝打折銷售，一方面加快資金週轉，另一方面為新款式服裝上市做好準備工作。

由於該服裝專賣店的服裝款式新穎、質量有保證，因此對於那些經濟實力有限的青少年消費者來說，每當新的季節來臨之前，該專賣

店舉行打折促銷活動的時候，也正是他們下決心購買自己喜歡的服裝的大好時機。

可以說，換季打折促銷已經成為專賣店的一個慣例，雖然專賣店因此減少了一部份利潤收入，但是卻贏得了廣大消費者的信賴，使他們成為專賣店的忠實消費者。

30

客戶參與式促銷活動

業績提升技巧

賣場的促銷活動，其目的雖說是「提升營業額、利潤額」，但在達到此目的之前，應設法「打動消費大眾的心，在情感上令消費者滿意」，參與式促銷手法，即為此例。

促銷活動之目的，雖說是「提升營業額」，但在「提升營業額」之前，應設法「打動消費者的心，滿足消費者的慾望」。參與式促銷的手法，就是要打動消費者的心，而間接的提高營業額。

參與式促銷的目標，是努力訴求顧客的心理感受，以達到預期的促銷效果，換句話說，超級市場的促銷目標不是以提高銷售額、利潤額為主，也不是以謀求高促銷投資回報為主，而是應以設法打動消費大眾的心，在情感上令廣大消費者滿意，即促銷的觀念和做法應以消費者為主。所以，促銷活動必須能夠讓顧客參與進來。

在設計參與性促銷活動時，一定要注意活動的趣味性、可行性和安全性，所以，參與性促銷活動的設計工作較為複雜，管理工作也比較困難，加上參與者、獲獎者可能與購買商品沒有直接關係，往往會導致目標顧客的針對性不強，這就要求市場營銷人員必須精心策劃，週密準備，方能取得最佳的效果。

消費者參與的促銷方式有多種，介紹如下：

1. 來店顧客直接參與的促銷活動

通常，連鎖超市公司通過組織各種著眼於趣味性、顧客參與性的特定比賽，提供獎品，會吸引不少人來參觀看或參與，可以連帶達到增加來店顧客數量、帶動銷售量的目的。

⑴主要形式是在店內或通過媒介開展各類活動讓消費者參加。如母親節畫母親比賽、卡拉 OK 大賽、主題有獎徵文比賽、猜謎、填字等，以吸引消費者注意超級市場的商品和促銷活動。

請消費者回答問題。由超級市場印製或通過新聞媒介刊登有關超級市場及其所售商品的知識問題，徵求答案，以加深消費者對超級市場的印象，對其出售商品的瞭解，擴大銷售量。

⑵具體做法是配合促銷主題，擬定比賽項目、參加對象、獎勵方法、實施費用、協力供應商等內容；用廣告宣傳單、海報以及現場廣播等方式，擴大宣傳，鼓勵顧客報名參加；精心組織，活躍比賽場地氣氛，確保促銷活動達到預期效果。

例如，沃爾瑪超級市場開展過大白兔奶糖的促銷活動，沃爾瑪的營銷人員提出了一個非常有創意、且極具參與性的促銷計畫——設置幾座由大白兔奶糖堆成的籃球架，請光臨超級市場的顧客充分參與、盡情遊戲，而且投中有獎。這一活動吸引了無數顧客競相參與，還有很多消費者不斷從各處「慕名而來」。結果自然是促銷成績不同凡響；

大白兔奶糖的銷售額達到了促銷前的 5 倍，更令人驚歎的是，沃爾瑪賣光了深圳所有的大白兔的奶糖！

2. 舉辦公益活動

由超級市場發起獻血、救濟等慈善活動；保護樹木，認養動物等關心環保活動；贊助當地學校等關心社會活動。

執行要點在於：選擇與本企業經營理念相符合的項目來實施；鼓動附近商店或其他公益團體共同舉辦；以新聞的方式加以宣傳；掌握社會和社區的熱門話題。

3. 聘請消費者服務員

可由門店店長出面，邀請商圈內經常購物的消費者，或公開召集熱心提供意見的顧客，來擔任門店商圈顧問團的團員／消費者服務員，並由店長擔任召集人，定期舉行諮詢會議。

執行要點是：每個月舉辦一次，每次不超過 2 小時；會議前要將主要議題告知與會者，以便其準備；主持人要引導討論，並記錄各成員的意見，不要下結論；每次會議前，應該公佈上一次採納意見的情況及實施成效；要向參與者贈送紀念品。

4. 消費者意見訪問

商場可以設置網址、意見箱，進行人員訪問和電話訪問，網址與意見箱可以長期實施，人員及電話訪問則可以根據需要而不定期實施。

執行要點是：要重視消費者提出的意見和建議，及時改正和採納；網址和意見箱要定時察看，長期實施，否則就不要輕易設置；向消費者徵求意見的訪問要有明確的主題，以便於消費者有針對性地回答；對提供意見者要給予獎勵，每月抽獎並公佈姓名，以鼓勵參與者。

5. 提供生活資訊

可以在賣場內特定商品的前方製作 POP 廣告，說明商品特色、用途或使用方法；在服務台免費派送商品資訊印刷品；利用固定的公佈欄提供日常生活資訊。

注意要點是：以定期方式，如每週或每月更新一次為宜；提供的知識要有知識性、科學性和趣味性；要控制成本；有計劃地長期實施，並不斷更新。

6. 恭賀問候

可以根據消費者數據寄發生日卡和節慶賀卡。應注意的是：卡片一定要由總經理或店長親自簽名，不可用印刷方式；賀卡應在一定日期前或當日寄到，不要逾期；卡片形式要每年更換；賀卡寄出後，最好在特定日期當天，再由店長以電話方式恭賀。

心得欄

31

打造零售業品牌

業 績 提 升 技 巧

> 零售業的未來趨勢是打造自身的商品系列，而成功關
> 鍵在於，如何有技巧的推出零售業的自有商品品牌，並獲
> 取客戶的滿意。

在商品促銷過程中，企業品牌是個非常重要的因素，因為它本身
在一定程度上代表了零售業和該企業所銷售的商品，一個好聽、易記
的品牌名稱可以起到意想不到的作用。某零售業的商品究竟能否暢
銷，品牌的作用十分關鍵。這裏所說的品牌，主要是指零售業自身的
品牌，而不是指商品的品牌。

1. 零售品牌的魅力

儘管現在許多企業的經營管理者都知道品牌的重要性，但是在實
際經營中能夠充分發揮品牌的重要功能的企業家並不多見，在零售行
業中重視品牌創建、發揮零售品牌效應的企業家更是少之又少。

因此，如何創建一個優秀的零售品牌，成為零售企業經營管理者
的當務之急。

世界上的零售業創建自有品牌起源於 20 世紀初期，一直持續到
70 年中期。它們之所以對自有品牌發生興趣，最原始的起因是能

夠統一商品的定價,並提供較低定價的商品系列來與生產企業的品牌進行競爭。

當然,這一做法獲得成功的前提是消費者能夠接受與生產企業品牌相比要低一些的質量標準,而這種較低的質量標準與顯然要低更多的價格相比,就顯得微不足道了。

20 世紀 60 年代,隨著連鎖業的發展,連鎖零售商發現擁有更多的商店可以發揮規模經濟的優勢,而且這種商店的規模越大越好。在這一發展過程中,他們開始意識到零售業自有品牌在加強其市場定位中的作用。

到 70 年代,絕大多數零售企業自有品牌被廣泛利用來宣傳商店的低價格定位,但是隨後很快就發展到質量定位和服務定位方面,使零售企業自有品牌的功能更廣泛,也使消費者開始認識並評估零售業自有品牌與眾不同的特性。

在這種情況下,零售業自有品牌越來越普遍,也越來越得到消費者的認可和接受,消費者對使用零售業自有品牌也越來越有信心。

在許多家庭晚會和朋友聚會上,零售業自有品牌商品越來越多地出現在餐桌上,成為供眾人享用的美食或必需品。而零售業也從這種自有品牌中獲得了越來越多的利潤。

具體來說,零售業創建自有品牌具有以下四種主要功能:

· 識別功能。「品牌」本身就說明該品牌定義清楚、含義單一,便於消費者的識別。

· 信息功能。關於品牌的所有信息都以概要的形式出現,方便觸發消費者的記憶。

· 安全功能。消費者購買熟悉品牌的產品,應該能給其帶來更多的信心保證,保證給消費者提供他們所期待的某種利益。

· 附加價值。零售品牌就是一種資源，它能給零售業和消費者提
供比一般產品更多的價值或利益。

2. 如何創建優秀的零售品牌

零售業要想創建自己的品牌，利用品牌開展商品促銷活動，關鍵
要做好以下幾方面的事情：

⑴建立完善的商品供應鏈

開展品牌促銷的零售業，一般都會在所銷售的商品上面打上自己
特有的標誌，例如英國的 Sainbury 公司所銷售的一切商品都打上了
Sainbury 的標誌、馬獅百貨公司所銷售的一切商品都打上了 Marks &
Spencer 的標誌、Tesco 公司所銷售的一切商品都打上了 Tesco 的標
誌。

雖然這些商品都來自不同的生產商，但是他們都堅持使用自己品
牌，並利用自己強大的銷售能力迫使這些生產供應商接受較低的產品
定價。

儘管零售業自有品牌的商品價格比生產商產品的價格要低許
多，但是其質量卻絲毫沒有任何降低，要保證這種自有品牌商品的優
異質量，其前提就是建立完善的商品供應鏈，和自有品牌商品供應商
建立良好的關係，和對方開展密切合作，迅速而又及時地為消費者提
供各種商品。

零售業在建立完善的商品供應鏈時，需要對供應商進行全方位的
調查，包括對方的生產規模、員工技能、生產環境等等，並對供應商
進行評價打分，和那些評價較高的供應商建立長期穩定的合作關係，
而對那些評價較低的供應商則要提出生產要求，對不能滿足要求的供
應商必須果斷地斷絕和它們的業務往來，以保證供應的完整性和暢通
性。

(2)提供一流的商品

零售業開展品牌促銷的一個最重要的前提，就是保證向消費者提供質量一流的商品。和其他性質的企業一樣，如果零售業提供給消費者的商品沒有質量保證，那麼即使商品的價格再低，人們也不會為了低價格而去購買劣質產品。

因此，為了進行自我監督，並且向消費者保證這種可靠的質量，零售業應該也有必要出臺相應的措施，來堅定消費者對商品質量的信心。

Safeway 公司為了宣傳其自有品牌的高質量標準，在店內外張貼各種海報，說明如果消費者對他們的品牌服飾不完全滿意，他們可以提供退款和換貨服務。

而 Sainbury 公司早在 1993 年就制定了一個嚴格的質量控制計劃，對其分布在全世界範圍的 2500 多家自有品牌的供應商進行管理，計劃甚至包括了員工的培訓內容，通過這種方法大大加強了其自有品牌的質量。1997 年，Sainbury 公司開展了一項「更高質量，同樣價格」的活動，向消費者宣傳其商品質量提高、但價格仍舊保持不變的信息。

(3)建立自己的研究設計部門

這也是零售業保證向消費者提供高質量商品的重要措施。零售業的研究設計部門的主要責任有以下幾個方面：

· 確定和評估自有品牌供應商的生產水準和生產能力。

· 負責確定零售業的商品研發工作，制定商品的質量標準。

· 和自有品牌供應商聯合研製、開發新商品。

· 檢查和測定自有品牌供應商所供應的商品的質量。

例如馬獅百貨公司雇用許多專業研究設計人員，僅僅在食品研究

設計實驗室工作的員工就有 200 多人,其中具有高級專業資格的工作人員就有 30 多人,他們不僅負責研究開發新食品種類,而且還參與供應商的生產過程,以保證食品的質量。此外,他們還負責檢測其他供應商提供的食品質量。

通過這些專業研究設計人員,馬獅百貨公司確保了向消費者所提供的商品都是有絕對質量保證的,從而加強了消費者的信心,樹立了自身良好的零售品牌形象。

(4)建立完善的信息反饋系統

這是零售業保證向消費者提供最新而又及時的商品的重要措施。開展品牌促銷的零售業,除了要向消費者提供質量一流的商品以外,還應該對消費者的需求變化作出迅速反應,並不斷變革其自有品牌計劃,以抓住和利用市場機會,促進商品銷售。

為此,就要借助於建立完善的信息反饋系統,只有通過這種信息反饋系統,零售業才能夠及時抓住消費者的最新需求趨勢,推出符合消費者需求的商品。

做得比較出色的有 Tesco 公司,這家公司在生產和銷售 Tesco 無氯環保紙張的時候,就充分利用了自己的信息反饋系統,取得了非常滿意的銷售業績。

隨著人們對環保的重視,越來越多的消費者開始對綠色產品深感興趣。Tesco 公司發現,如果能夠向人們提供具有環保功能的無氯紙,也許是一個非常好的市場機會。於是,Tesco 公司派出了由信息部門的員工組成的市場調研組,對消費者進行了調查,確定了不同的消費者群體,這些群體有:

· 非常關心環境保護,並積極提倡綠色產品的群體——「明確的綠色群體」。

- 比較關心環境保護，擔心環境影響孩子成長安全的女性群
  體——「輕微的綠色群體」。
- 生活比較富有的、意識到環境問題，但又不能確定環境對其重
  要性的群體——「潛在的綠色群體」。
- 生活在鄉村、喜歡田園生活，並渴望保護他們的生活方式的群
  體——「鄉村的綠色群體」。

調查研究表明，有超過半數以上的人願意為購買環保產品支付更
多的錢。於是，Tesco 公司開始在「Tesco 公司關心環境」的口號下
推出了一系列自有品牌的綠色產品，首先就是無氯環保紙。為了尋找
不使用氯進行漂白加工的紙漿工廠，Tesco 公司又通過自己的信息系
統，還派出技術人員訪問了歐洲的許多工廠，最後和瑞典的一家企業
簽訂了紅漿原料供應合約。

這種無氯環保紙推出來之後，立即受到廣泛歡迎，許多消費者還
來信或來電話詢問他們是否真的沒有用氯進行漂白。Tesco 公司為此
特意將他們的市場調研情況以專題的形式在電視上公布出來，終於贏
得了消費者的信賴。

此後，Tesco 公司又推出了其他一系列環保產品，例如無磷洗衣
粉、嬰兒尿布等，同樣受到了消費者的熱烈歡迎，成為市場上的暢銷
商品。

⑸強有力的廣告宣傳

零售業開展品牌促銷，還需要依靠強有力的品牌宣傳，來向消費
者傳達其商品高質量的信息，強化其品牌特性。

在這類廣告中，零售商可以開展多方面的宣傳，例如：

- 向消費者展示商品的研製、開發過程及商品的生產細節，使消
  費者瞭解商品的詳細情況。

· 向消費者介紹公司的內部組成,尤其是公司的研究設計部門的有關情況,如研究設計人員的學歷、技術水準、獲獎情況等,使消費者堅定購買信心。

· 向消費者介紹供應商的有關情況,如供應商的生產能力、技術水準等,當供應商獲得某種質量體系認證時,更應該進行重點介紹。

· 向消費者介紹企業的各項服務措施,盡可能為消費者提供各種便利。

總之,零售業在向消費者廣告宣傳自己的品牌促銷時,要想方設法加強自身品牌對消費者的吸引力,使他們成為企業的忠實顧客。

心得欄 _____

_____

_____

_____

_____

_____

32

連帶率是提升業績關鍵

業 績 提 升 技 巧

連帶銷售可以產生巨大的效益，為了進一步擴大銷售「戰果」，應主動介紹相關聯的商品，並且將這些產品完美地搭配到一起，讓顧客覺得少了其中任何一件，都會很惋惜，就會連帶著一起選購。

一位顧客在購買了一件上衣後，他是否會想要為這件上衣選一條適合的褲子來搭配呢？接下來還有可能要一款包來搭配這一整套服裝……所以，只要顧客有需求，你就要盡量去滿足他們，而在這其中，個人的智慧和創造力有不容小覷的作用。

在傑克還沒有成為一名金牌銷售員之前，他的求職經歷曾是一波三折，充滿傳奇色彩。

18歲的傑克和大多數年輕人一樣，希望到更大的地方去實現自己的人生理想。然而，在大城市的生活並不容易，嘗試著找了很多工作未果，正當他要放棄時，一家漁具店的老闆收留了他，因為在面試時，他說他有過零售的經驗。

實際上，他只在家鄉的雜貨店做過幾天搬貨員。漁具店老闆其實看出了他的「謊言」，出於同情還是聘用了他，因為傑克有點

像當年出來闖世界的自己。一天下來，終於等到營業時間完結，傑克需要做的事情就是向老闆彙報一天的銷售情況。老闆問他：「年輕人，今天完成了多少單買賣？」

傑克回答道：「一單！」

老闆說道：「你真的是不會當銷售嗎？我這兒其他銷售員每人每天至少都可完成十至十五單買賣。你那單交易的金額有多少？」

「三十萬！」傑克答道。

「三十萬！？年輕人一定要誠實，能力不行，我可以給你機會學習，但……」老闆說著。

傑克怕老闆誤會，就急忙打斷他說：「是這樣的，我先向一位顧客售賣了小號的漁鉤，然後是中號的漁鉤，再後來便是大號的漁鉤，繼而是小號的漁線、中號的漁線及大號的漁線。其後，我問該顧客要到那裏去釣魚，他說到海邊，我建議他買條船，然後他說他的大眾牌汽車可能拖不動這麼大的船。我於是再帶他選購了一部夠馬力的汽車……」

這就是典型的連帶銷售，從中也可以看出連帶銷售的威力有多大。

附加推銷，提高客單價，會讓業績由一變為三！在同一樓層，並且在各品牌實力差距不大的情況下，進入各品牌的客流不會有特別大的差異，但到年終，彼此間業績的差異可能會有幾倍甚至幾十倍。其實他們有可能在接待顧客的數量上是一樣的，但由於客單價的不同直接決定了最終的業績。而決定客單價的，除了員工的銷售技巧外，還有附加推銷的意識。

同樣是接待一個顧客，品牌 A 銷售了一件衣服，1200 元；品牌 B 銷售了三件衣服，3600 元，依此類推，一個月下來，品牌 A 的業績

可能是 10 萬元,但品牌 B 的業績就可能是 30 萬元。同樣的客流,不同的客單價,到最後的結果卻可能是天壤之別。

著名的女裝品牌,發現他們在店鋪試衣間門口擺著許多可以來回推拉的小貨架,當顧客進試衣間進行試穿的時候,導購就把顧客選擇的衣服和可供選擇和搭配的衣服,都放在這個小貨架上,等顧客從試衣間出來後,導購就會幫助顧客進行搭配,這既方便顧客進行試穿,又方便導購進行附加推銷。等顧客試穿完畢,導購就會把這個小貨架上的貨品展示給顧客看,這就是您選擇的衣服,顧客不由得就會有一種成就感,全部買單。

很多導購人員,銷售經驗豐富,銷售技巧也老到,但唯一缺乏的就是附加推銷的意識。一大早,剛開門,就有顧客來了,成交了一件,很開心,其實也許這位顧客又到旁邊的櫃台,一下又買了三件。那為什麼我們沒有把這三件也變成自己的業績呢?這是值得深思的問題。

要把每位核心顧客挖掘深透,而優秀的銷售人員可以激發客戶的潛在需求,甚至客戶沒有的需求。

例如,在飾品行業,附加推銷很難做。其實那些購買飾品的顧客都是注重打扮的愛美人士,不然她們幹嗎買飾品,有衣服穿不就可以了,所以我們更要幫助顧客來提升自身品位,因為飾品佩戴不搭配會顯得非常俗氣,會降低整體著裝的美感,所以一定要系列搭配。例如,某個人戴一條精緻的鑽石項鏈,再配一個大翡翠鐲子,然後手上又帶了枚金戒指,耳朵上又是一對木質的原生態的大耳環,這一身的搭配就顯得這個人很不協調,別人看著都花眼了。

所以系列化的搭配飾品和服裝,其實是對顧客的幫助,幫助顧客來尋找美。即使自己在購物時,也經常有這樣的感覺,在一家品牌店購買衣服時,也就在這家店裏購買與之搭配的附加商品。

在充分把握消費者需求的基礎上，可以結合顧客購物的心理和產品的功能性，深入瞭解產品的研發思路，並巧妙組合陳列，這是可以提高客單價的，也可以與研發渾然一體。可惜，現在能做到這樣的品牌，太少了。

而在這一塊做得非常好的一個品牌，值得我們大家去學習和研究的，就是宜家家居。相信到宜家有過購物經歷的朋友都有切身體會，如果你到宜家購物，基本不可能一次只買走一樣產品。

原因是，宜家給你的是家的概念，而家是一個整體，是由很多種東西來組成的，而宜家就把這些東西巧妙地組合到一起，他的每一款產品，都不是單獨陳列，而是和其他產品一起組合陳列。

例如，他們的沙發都不是單獨放在那裏的，一定配上相應的靠墊，沙發前面配上同一色系的茶几，而茶几上，可能還有同一系列的茶具、蠟燭，甚至一塊桌布、一個杯墊，當然，這些都是需要另外付錢的。

再例如，床也不是單獨的在賣的，而是有床架、床墊、床單、被子、枕頭、靠墊，甚至床頭燈、床頭櫃、壁掛、壁畫……

所以，你不能只買走宜家的一樣傢俱，因為往往你在家裏把它們擺放組合的時候就會發現，怎麼也擺不出樣板房的感覺。其實你單獨看宜家的每一樣傢俱，都非常簡單，只有在同樣簡潔的氣氛當中，才能襯托出它的美。

原因是宜家不是在出售某一樣傢俱，而是在出售一種生活方式。它是完整地賣一個「家」的概念——如果你想要我這樣的「家」的效果，必須要把這整套都買回去。

宜家這種透過對銷售的理解和用銷售生活方式的態度來銷售產品的思維，是非常有效的，這一點也是需要我們的銷售人員去學習

的。當你融入了你的顧客群體的生活方式，並對其產生影響的時候，你就成功了。

關聯性商品是指顧客在購物或消費時經常一起購買的非同一品類的商品，要促成顧客購買不同類但有關聯的商品。

在美國，曾經有超市嘗試過將啤酒和尿布放在一起陳列，以刺激啤酒和尿布的銷量。原因是，美國的大男人回家前常常被太太吩咐買些尿布回家給孩子用，而在完成太太使命的同時，這些男士們也不忘照顧一下自己的嗜好，常常會順帶買些啤酒回家。若是啤酒離得遠，那麼那些喝啤酒慾望不是很強的顧客也許就忽略了，而一旦啤酒就在近旁時，他的消費慾望便被瞬間點燃了。其實在生活中，這種暗示性的刺激購物還是會經常存在的，商家利用這種暗示性的促使購物便可以有效促使顧客多買一些看似不相干品類的商品。

那麼，在我們的賣場中，將關聯的可以搭配的商品集中陳列或組合陳列，同樣可以達到這樣的效果。包括我們在幫顧客試衣的時候，顧客拿一件外套，往往就給他試一件外套，其實我們完全可以同時幫顧客挑選褲子或襯衣等一起試穿，這樣和外套整套搭配，試出來的效果會更好，而且也側面地推動了整套產品的銷售。

當顧客選中某款單件衣服時，優秀的導購員應該馬上想到這件衣服搭配其他商品效果可能會更好。這時導購需要做的就是主動、熱情、快速上前為客人進行搭配，讓客人體驗整套的效果。例如，如果顧客選中的是單裙，那我們可以幫她搭配合適的上衣、襯衣、毛衫等；如果客人選擇的是毛衣，我們也可以幫客人搭配外套、褲裝或裙子，甚至還可以為她搭配上精緻的項鍊、皮包、胸針、皮帶等。

商店經常會有一些促銷活動，例如，滿 300 送 100、買二送一、買 200 抵 80 等，這些促銷活動一方面是帶動了賣場人氣，提升店鋪

的業績，其實另一方面也是變相地幫助我們提升自己的客單價。這時，我們的導購應該不失時機地利用促銷機會，用興奮的語氣提醒客人：「這件衣服是 268 元，您再選一件內搭就滿 300 元，這樣還可以再送您 100 元的購物券呢。」這類的語言，能激發顧客的購買需求，提升客單價。

很多時候，當顧客選擇完畢要買單的時候，生意差不多也做到頭了，就可以不用再多嘴了。其實，如果顧客買了 378 元的衣服時，我們是不是就直接請他去付款呢？這個時候可不可以順帶說一句：「小姐，您選擇的衣服一共是 378 元，再看看我們的胸花，剛好可以搭配您這件衣服，胸花是 22 元，加起來剛好是 400 元整。」

當我們為顧客找零錢時，有時候顧客可能還嫌麻煩，不願收一堆零錢，那這時候我們為什麼不試著推薦我們的小配件呢？所以，檢查一下我們的收銀台吧，試著在收銀台附近多擺放一些小配件，這樣銷售成功的幾率是很高的，往往在結賬開票的時候，這些小配件就順帶銷售了。不要小看這些小配件，在不知不覺中，你的客單價就會提高。一個月下來，你的銷售額又可以上一個台階了！

很多時候，我們的顧客是和朋友一起來購物的，當我們的目標客戶開始在我們的店鋪進行選擇時，千萬不要忽視了她的同伴。聰明的銷售人員不但懂得討好同伴的喜歡，同時在時機合適的時候也可以慫恿他（她）也試一試。反正閑著也是閑著，這樣做不僅能夠獲得朋友對店鋪的肯定，培養潛在顧客，還能積極地推動連帶銷售。

當顧客對幾件衣服都愛不釋手時，可以告訴顧客：「您給家人朋友也順便捎帶兩件，現在是特價優惠，機會很難得。」這不又是提升客單價的一種方式嗎？

當顧客需要我們向他推薦商品時，不要只向顧客展示一件商品，

你可以同時給他展示兩件或三件，當然這三件要有所差異。

原因很簡單，當你給顧客展示一件商品的時候，顧客有可能會喜歡，也有可能不喜歡。顧客喜歡的話還好，不喜歡的話就一棒子打死了。儘管你還可以進行第二次推薦，但這時顧客對你的信任力已經下降了，因為人們往往更注重第一感覺。如果當你嘗試一次給顧客展示兩件或者三件商品時，其實是在變相地給自己退路，因為在這有差異化的三款商品中，顧客有可能會選擇其中一款，最起碼你失敗的幾率減少了很多。在三款中有一款滿意比一款就讓人滿意的幾率要大兩倍，所以你何樂而不為呢？而且，即使這次顧客不滿意，你第二次展示時也比一次只展示一件的機會要大很多。況且還有另一個很大的可能，那就是顧客在你展示的三件商品中有可能選擇了其中的兩件，那你的業績將翻一倍。

如果顧客消費的量是固定的，例如，一個人一次只能喝一瓶飲料，如果我們能夠讓顧客買價值高的飲料，客單價顯然就增加了。在這些方面，採用一些看似無形卻有意的引導方式引導顧客進行消費升級，顯然是一種很好的策略。

在服裝行業中也是一樣，如果顧客買的是高價位商品，最後成交的金額有可能是普通一單的很多倍。在顧客消費能力允許的情況下，而且在顧客個人意願相差不大的情況下，我們為什麼不推薦更高價位的商品呢？而且，即使顧客沒有選擇，那麼在你推薦高價位商品之後，再去推薦其他商品，顧客在心理上也會更容易接受，覺得這些更便宜、更實惠。

如果我們真正能夠充分把握消費者的需求，結合購物的心理和商品的功能性，深入瞭解商品的研發思路，並巧妙地組合陳列，用宣揚生活方式的手法去銷售商品，那麼必定可以事半功倍。

我們可以發現連帶銷售可以產生巨大的效益，結合顧客利益在介紹商品的時候，不要忘了多介紹商品最大的賣點和特性。同時，為了進一步擴大銷售「戰果」，作為導購更應主動介紹相關聯的商品，並且將這些產品完美地搭配到一起，讓顧客覺得少了其中任何一件，都會很惋惜，為了不造成這種遺憾，就會連帶著一起選購。於是，就達成了連帶銷售。

當然，衡量連帶銷售成功與否，也有一個具體的指標——連帶率，其是指銷售總數量除以銷售小票數量得出的比值，可以透過以下公式加以計算：

①連帶率＝銷售總數量÷銷售小票數量（低於 1.3 說明整體連帶銷售存在問題）

②個人銷售連帶率＝個人銷售總數量÷個人小票總量（低於 1.3 說明個人連帶銷售存在問題）

從公式也可以看出，連帶率越高，越有利於提高銷售業績水準。下面的三個方法可以幫你有效地提高銷售連帶率：

⑴營造良好的空場氣氛。再優秀的店鋪，它都會遇到一個情況——空場，這時，不妨讓你的導購彼此為對方搭配衣服，而且還要嘻嘻嘻嘻拍照研究，並且要說出這套衣服適合顧客的類型、身材、氣質。這樣做的好處就在於，能營造一個很好的工作氣氛，創造工作樂趣來緩解工作壓力。這種氣氛，也會使得經過店門口的顧客覺得這個店鋪很忙，很多人在買衣服，很多人在試衣服，禁不住也從眾消費了。你也應該思考一下：在空場的時候，你的導購在幹什麼？是乾巴巴地站著等顧客進門嗎？

⑵在試衣間的外邊放置一個掛通，上面擺上很多的百搭款。其實，在很多店鋪中都有類似的操作，這有利於更好地在顧客身上發掘

二次消費需求。當顧客在試衣服的時候，導購會迅速地拿四到五套衣服給顧客備試。試想，假設顧客試了四五套之後她買不買？她會覺得不買不好意思；她會覺得她不買，等她離開後導購會嘲笑她；她甚至於覺得不買導購可能會打斷她的腿……所以，這充分體現了導購做得很到位。

⑶制定一系列的獎金制度激勵導購。某服裝店的業績不佳，它的一名導購看見顧客進來，也熱情地招呼，當顧客買了兩件衣服之後，她很開心。沒想到那位顧客又主動向她要了一條項鏈。事後，有人問那位導購說：「為什麼你不主動給顧客推薦一些搭配呢？」導購說：「我們項鏈銷售不算連帶率的。」試想，如果沒有連帶率激勵，那個導購還願意多費口舌去推銷？因此，除了一些常規的獎勵制度之外，還應設置個人連帶率銷售獎金。例如，顧客一次性購買四件(其中必須包括一件衣服或一條褲裝)，獎勵 40 元，每多一件獎勵 10 元。

一定要對你的導購說：「在店鋪當中，除了我們自己通通都可以賣。」顯然，提高連帶率的各種策略固然很重要，但你的導購有沒有這種意識則更重要！

進店率和連帶訂都能提升業績，那麼，那個更容易實現呢？大部份人會認為提升連帶率更容易，因為只要店鋪的位置不變，進店的人數基本不會有變化！所以你只能要提升連帶率！

33

要把握顧客汰舊換新的換購時機

業 績 提 升 技 巧

　　瞭解顧客的動向，把握顧客汰舊換新的換購時機，才能促銷成功。

　　將顧客視為有可能又成為顧客的客戶，其理由之一就是在於顧客有增購或汰舊換新的意願。但並非所有的顧客都有這種意願，而且揣測這種意願會在何時產生並不容易，所以單是「守株待兔」是毫無用處的，努力才是一切先決的條件。那麼你應該如何做呢？

　　在培養新客戶成為顧客的階段，有一點要特別注意的是：判斷具有購買權者。如果經濟大權掌握在太太的手裏，而你卻屢次向丈夫進攻，真是徒然浪費時間而已。但是，在增購或汰舊換新時——尤其是增購，與其說是決定於具有購買權者，不如說是決定家庭全體成員的協義。

　　若以自用轎車為例，就很容易明白這個道理。以前是一家有一部自用轎車就很好了，甚至可說是奢侈。這種基準至今尚未改變，自用轎車仍是奢侈品，因此，一家之主的父親認為，有一部車就很滿足了。

　　可是若由家庭全體成員協義，這種觀念就可能會動搖。因為兒子考取大學或女兒取得駕駛執照，對一家之主的父親來說，只是小事，

可是對當事人和其他家庭員而言，卻是一生罕有的大事，所以他們會想盡辦法說服父親：

「那所大學的學生大多開自用車上學。」

「我的朋友家裏都買了車子給他。」

這種話雖然超越了父親的經濟獎況，但卻具有權威性：「我願意打工賺取油費。」「我的零用錢可以減半。」

父親也知道這並非真心話，但是在少數對多數的情況下，其結果是可想而知的。這就是全家人的協義可以決定一切的原因。汰舊換新也是同樣的情形。

顧客往往為了「這種車型已經落伍了」或「跑車型比較帥氣」的理由而決定換新車。在顧客四週張開線網，就是為把握住顧客全家人的動向。

不論冷氣機或立體音響都是如此。有必要經常訪問顧客並和其家人（當然包括具有決定購買權者）商談，進行說服。而且這種方法並不限於對家庭，即使是公司亦是如此。以影印機為例，探討從業員工的意向（若是推銷老手甚至可以做某種程度的誘導），可能會因而使他們增購新機種或汰舊換新。

不過你若認為只要有了全家人的協義，事情就算成功，那未免太短視了，因為做最後決定的還是具有決定購買權者。

要在多次的客戶訪問中探索出換購、增購需求，而且要詳細地記在顧客資料卡上。不單是記顧客的子女考進大學，而且要記清楚考進那所大學？因為各校的學生嗜好、趣味都隨各大學而有所不同。

機會總是稍縱即逝，那麼應如何等待機會呢？

A.顧客家族中有人結婚、生產、就業、入學等；公司有人事調動、事業擴張（伴隨而來的是辦事處的增設）之動態時。

B. 調查顧客汰舊換新的週期，適時抓住時機。

C. 邀請顧客參加新產品的展示會，或拿著新產品的目錄去試探顧客的反應。有權決定購買者出現在展示會上；或帶著目錄訪問顧客時，顧客提出種種問題，都是有希望購買的徵兆。

D. 平常訪問時，如果商品最新流行的樣式、顏色或價錢成為話題，就是值得注意的現象。

E. 如果顧客對正在使用的商品（即使是你交的貨）有這類的抱怨：「用膩了！」「樣式已經落伍了！」這時就是你正式勸他汰舊換新的大好時機。

F. 顧客信賴你而暗示有增購或汰舊換新的意思時，千萬不可忽視，否則這顧客只好去找別的推銷員，因為他雖是你的顧客，但對別的推銷員而言，也是極有希望成為顧客的新客戶。

市場所舉辦的促銷活動中，「舊鍋換彩色鍋」是做得非常成功的一個實例。公司原希望在這個活動的舉辦時期，每月能銷出 2 萬個彩色鍋，由於策略的把握正確，竟使得第一個月就銷出 6 萬個，比原定目標超出 2 倍之多。這樣的成果實屬可貴。

近年來，精緻的玻璃台不斷受到消費者的采用，美化了許多家庭的廚房和廚房中的一切用具。於是粗制的杯盤碗碟，逐步換成了精緻的瓷器，或精緻的玻璃器皿。連醬油瓶、沙拉油瓶等，都不斷的配合變新，確實增加了廚房美觀。對於各種鍋子，消費者亦有意加以換新，而求美化，但又感到一時不易著手。

因為市場上雖然有若干廠牌推出各種美觀的鍋子。但因為價偏高，最少也要新臺幣 600 元，才能買到一個。原來，這些產品都是進口貨，一般消費者只能望鍋興歎。

理想牌首先開始上市銷售。就品質而言，並不亞於進口貨。就美

觀的程度而言，亦能趕得上進口貨的九成以上，就售價而言，卻只有進口貨的一半。當然立即引起了若干消費者的興趣，相繼購買使用。

然而，這些消費者只是市場中的少數，只憑這些少數的消費者，絕無法維持生產。必需讓消費者普遍使用，才能充分利用整套的生產設備。從事大量生產。產銷數量多了，生產成本即可隨之降低，售價亦可跟著減低，使消費者能普遍購用。

當然，上市初期，也產生消費者認為「定價嫌高」的問題。理想在自行生產製造之前，曾先向日本進口 1 萬個彩色鍋，在臺灣試銷。由於關稅稅率頗高，再加上應得的利潤，遂將每個定價為 600 元。試銷了 4 個月，才慢慢地賣完。

根據試銷的經驗，雙因為自己生產的成本較進口低，因此將產品的售價定為 300 元，只為進口貨的半數，以求擴大銷售。可是透過市場調查研究，發現一般消費者之中有 30%多，嫌貴而捨不得買。再有 50%多認為稍貴，徘徊在買與不買之間。這還只是都市中消費者的心意。假如作全省性的消費者調查，嫌貴者會更多。

在此情況下，廠家先施展了第一階段的廣告策略，強調「漂亮，不貴」。這階段中的一部廣告影片，選用電視女星張俐敏為廣告演員，表現了逛商店時，看到櫥窗裏的彩色鍋，顯出感覺得很漂亮的表情，繼而顯示「這樣漂亮的鍋子恐怕很貴吧！我買不起」的表情，憾然地離開櫥窗。忽又回頭看到標價，高興地叫出：「小的才 250 元，不貴哩」等表情。這部廣告慢慢地打開了。過了一陣，漸漸進入下半年的銷售旺季(從八月到年底)。這時發現有不少消費者購買這種鍋子，並非自用，而是當作禮品贈送親友，借賀新婚之喜，或喬遷之喜等等。

送禮，是一個為這種商品進一步打開銷路的絕佳構想。由於這種商品的面積大，外形討人喜歡。售價只是稍貴而已。但送禮的人會感

到送得像樣，很愉快。而受禮的人，變亦感到禮品既美觀又實用，說很愉快。形成消費者確有此需要。廣告主及其廣告代理者，遂施展第二階段的廣告策略，強調是「送禮的最佳禮品」。並且強調「送一個嫌少，最好送一套(四個或五個，規格各不相同)。

這階段的一部廣告影片，亦拍攝得廣告效果頗強。仍選用張俐敏為廣告演員。內容表現了：「有人放一個彩色鍋在她面前，她以為是送給她的很高興。但她私下認為：「只送一個，真小氣」。接著又有人放一套(五個)在她面前，她又以為是送給她的，興奮非凡。不料旁白忽然說：「對不起，這不是送給你的」，一面說，一面將她面前的一整套拿開，改移至觀眾。讓張俐敏的嬌臉蛋氣得鼓鼓地，惹人發笑。最後的旁白說：「送禮，請送整套地理想牌彩色鍋……」這部影片，生動有趣，將整套裝地商品，介紹地很清楚。確能在中秋節到新年與春節這個期間，不斷刺激消費者購買送禮用。銷路又打開不少，平均每月能銷出 2 萬個。

春節以後，是市場各種商品，一年一度的銷售淡季。彩色鍋的銷數自然亦隨之減少。倉庫裏堆積了許多存貨。同時，廠家已在計畫降低售價，以適應多數消費者需要，而準備擴大銷售。這是覺察到以往幾個月，在增加生產的情形下，成本已見減低。若減低售價來配合擴大銷售，必能再進一步打開銷路。

同時市場調查反應，一般消費者感到，如果售價能定為 180 元左右一個，則為消費大眾所樂於接受。

當思考這個問題後，忽然又想到市場調查人員，所帶回來的一些意見。有的消費者說：「我要買，等到我現有鍋子用壞了，我就買。」另有些消費者說：「我是想買，不過買了新的以後，家裏那些舊鍋怎麼辦？」這些意見顯示，市場確實還可作進一步的打開，但需先解決

「舊鍋子」問題。

接著，大家又想到過去，曾有「舊電扇換新電扇」、「舊衫衣換新衫衣」、「舊西裝換新西裝」、「舊電視機換新電視機」、「舊電子計算器換新電子計算器」等做法，多數的銷售成績都不壞。何不也舉辦一次「舊鍋換新鍋」，用以解決「舊鍋」障礙。

經過詳細計算，並將一切「換」的技術詳加安排。例如：是否影響到經銷商所得的利益等等，均考慮完妥。遂決定自 4 月～6 月底止，舉辦「舊鍋換彩色鍋」3 個月。並增加廣告預算，來推動這個活動。

根據上述決定，廣告代理業者為廣告主設計與發刊的報紙廣告（面積是全十批或十批），大標題是「舊鍋不要丟，1 個值 50 元」，副題是「1 個舊鍋，換 1 個彩色鍋」畫面的表現是一桿秤，正勾住一個舊鍋的柄，在秤算斤兩。下端則列著一排式樣新穎鮮豔的彩色鍋作對比。整個內容簡潔有力，頗受消費者注目。

電視廣告上，亦拍攝一部新片播映。內容是：先由一個演員，扮成一個收舊貨的一手拿著一桿秤，另一隻手拿著一個舊鍋說「真合算」。這部片子效果很強，打動了許多家庭主婦去換新。

起初，大家拿仍能用的舊鍋去換新的。後來，大家又拿破的壞的舊鍋去換新的。更由於家庭主婦們，相互間的口頭介紹激起一陣陣的換鍋熱潮。因為大家都感到便宜了 50 元。

4 月份（第一個月）竟銷售了 6 萬個，5 月份（第二個月）又銷售了 6 萬個。6 月份（第三個月）在廣告主開始出口外銷美國，不太鼓勵國內市場換新聲中，仍換銷了接近 3 萬個。三個月總結，銷出接近 15 萬。超出了原定目標，成果甚佳。不但倉庫存貨銷完，且又增加了生產，創造了一個成功的廣告實例。

這個成功實例的創造過程，值得提供工商界與有志研討廣告企劃

者參考：

1. 這新鍋的命名為「快鍋」、「慢鍋」、「愛情鍋」（香港的命名）等等的都高明。亦足以說明這是一種能夠美化廚房用具，和餐桌的漂亮的鍋子，是每個家庭都能購用的。

2. 上市之前，將銷售網佈置得很週全。例如：對於過去銷售搪瓷杯盤鍋碟的經銷店，一律不納入網內。因為搪瓷質料的杯盤鍋碟，都屬於是廉價的日用品，這類經銷店的顧客，是習慣購買廉價品的。彩色鍋售價較高，放在這類店中銷售，反會被耽誤了。故而另創造一條以五金行（銷售小五金日常用品者）為主的銷售網，再以廚具行、百貨公司、瓦斯行為配合。這樣的銷售網佈置得很正確，等於正確地把握住許多購買者。

3. 三個步驟的廣告策略，對於打開市場，表現得是漸進方式，做得很穩。比一般采取猛進方式者，顯得是受逐步「從瞭解市場而打開市場」。這樣做法，能將失敗的成份減至最低，成功的成份增高。「舊鍋換彩色鍋」的活動，更等於是在淡季中，創造了旺銷效果。當產銷數量增加了，廣告主是有意因成本減低而降低售價。但是，這階段應該注意的是售價只能「暗」降，不能「明」降。利用舊鍋換彩色鍋活動，等於暗中將售價打了八折，降低二成。這個活動還顯得是為消費者著想。將消費者手中的所有捨不得丟掉的舊鍋，找到一條廢物利用的出路，讓消費者產生了親切感。

4. 「送禮」與「舊鍋換彩色鍋」的廣告將品牌的知名度打得很響亮。使得「理想牌」三個字和「彩色鍋」名稱緊緊連在一起。亦造成「彩色鍋」名稱像是理想牌專用的。市場同類產品之中，別的品牌倘若亦采用「彩色鍋」名稱。即似乎含有兼替理想牌做廣告的成份。除非別的品牌，能以猛勢的廣告，壓倒理想牌的聲勢，才能夠轉變消費

者心目中的印象。

5. 就廣告費用而言,「舊鍋換彩色鍋」活動的廣告費用,約為其 4～6 月份,營業總額的 6%,依新產品打開市場,所需的廣告預算而言,這個比例不算高。何況,其廣告效果對進口貨亦產生了阻礙作用。進口貨的市場佔有率,一年來已劇降到只佔 20%左右。

6. 銷售主持人很懂得利用「將商品在各經銷店,作良好的陳列」的方式,從而吸引消費者購買。有不少消費者,是愛上了經銷店內陳列品的引誘而購買的。注意在各經銷店,將商品陳列在明顯位置,亦有益於提醒已有意購買的消費者,早日購買。「在經銷店內作良好的陳列」,亦是不能忽視的一種廣告策略。

心得欄

34

賣場如何善用文化促銷

業 績 提 升 技 巧

> 隨著經濟的進步，文化品味變成生活中不可少的部
> 份；原先各種簡單訴求的促銷方式，已經不能再吸引客戶
> 的眼光，具有主題性的文化促銷，受到客戶的歡迎。

隨著經濟的發展和時代的進步，文化愈來愈成為我們生活中一個
不可缺少的部份，人們的文化品位也越來越高。由此，各種古板而簡
單的促銷方式已經不能再吸引人們的目光，富含文化因素的、能滿足
經濟發展和文化生活需要的文化促銷開始活躍起來。

1. 文化促銷的新浪潮

在消費者越來越追求生活情趣的今天，文化已經成為日益受到關
注的對象。

國外研究消費者行為的專家認為：「實際上所有的行為都可以用
文化來加以描述」。因此，消費者購物行為本身就是一種文化，消費
者也希望越來越多的零售業開展適合的文化促銷，在購物的同時，還
能夠享受到文化陶冶的樂趣。

為了獲得促銷的成功，商家不僅要設法吸引消費者的注意力，而
且還要使消費者的情緒受到感染，乃至對商品產生興趣。因此，促銷

研究所關注的焦點之一就在於消費者更容易接受什麼樣的促銷形式。

開展文化促銷，需要商家仔細地進行觀察、分析、調查、研究、推測以及創造，發掘、利用一切可以利用的文化因素；同時，還要求商家通過某種方式和手段，將體現在促銷活動中的文化淋漓盡致地發揮出來。這樣，消費者將會在文化的濃郁氣氛中認同該零售企業，使消費者和企業取得一致。

只有這樣，商家才能借助文化這塊牌子來實現商品促銷的目的，才可能通過促銷來促進企業文化的發展。

事實上，文化促銷的關鍵在於文化，「文化」與「促銷」在文化促銷中是矛盾而統一的兩個方面。從文化的角度來看，它要創造一種被廣大消費者所接受的價值觀念和取向，因而在一定程度上同企業所追求的利潤目標相排斥；從促銷的角度來看，它同企業獲得贏利的動機和行為相一致，在實現企業自身物質利益的基礎上形成了社會效益。因此，只有將文化和促銷有機地聯繫在一起，才能使促銷活動發揮出獨特的魅力。

2.文化促銷應注意的地方

零售業取得文化促銷成功的關鍵，在於對文化進行深入的剖析，並確定文化促銷的主題，創造一種鮮明的企業文化。如果不能精心創造出文化主題，體現文化促銷的新概念，文化促銷就如同沒有靈魂一樣，難以吸引目標消費者。因此，當零售企業準備開展文化促銷活動時，必須首先確定好文化的主題，以便使文化促銷始終能夠貫穿一條成功的主線。

要創造出能夠打動消費者的文化促銷主題，必須結合考慮企業自身條件。這也就是說，零售企業必須從自身的實力、定位、所處環境以及優勢出發，同時需要分析文化的內涵，以及消費者的認知、感情、

習慣和態度。

商家常常利用的文化促銷有以下幾種：

(1)入鄉隨俗策略

由於國家和地區的不同，在每個國家、地區進行文化促銷時，當然需要根據其文化差異選擇適當的方式。這就是所謂的入鄉隨俗文化促銷策略。

為此，在當地的零售業需要瞭解各地消費者的愛好，瞭解不同地域、不同國家的消費者所具有的不同的文化背景、習俗和宗教信仰，考慮到不同國家、地區消費者的需要，在方法、手段以及策略等方面進行調整，以適應各個國家、地區的傳統習慣，以獲得該國、該地區消費者的好感和認同，從而贏得市場佔有率，促進自身的發展。

曾有日本商人準備在美國銷售雨傘。他發現美國各大商店中出售的雨傘大都十分簡單，沒有什麼圖案和裝飾，於是決定從日本運一批高級雨傘在美國銷售。這種高級雨傘看上去的確十分精致，而且設計也很新穎，折疊後可以放在手提包裏，使用非常靈活。可是，美國消費者居然並不領情，很少有人問津。

為什麼美國人不喜歡這些高級雨傘呢？這位日本商人在調查後終於發現，美國人出門的時候不喜歡在身邊帶一把雨傘，只圖雨傘的方便，而不計較外觀的漂亮和質量的高低。

(2)避開消費禁忌

世界之大，無奇不有，各地區消費者的禁忌可以說是五花八門。零售業利用文化促銷，就必須避開各種與文化有關的消費禁忌。

例如英國一家零售連鎖公司在非洲某國開設了一家店鋪之後，從英國本土採購了一批嬰兒食品，其中有一種瓶裝的嬰兒奶粉，包裝時將嬰兒的圖片印在瓶子的標籤上，這使得這個國家的人驚恐不安，因

為他們以為瓶子裏裝的就是嬰兒。這就是一個文化禁忌的問題。如果商家瞭解了這一禁忌，就不會犯這樣的錯誤。

(3)融入本國文化特色

商品本身就是一種文化結晶，零售業在設法向該文化以外的消費者銷售商品時，就必須有效地進行溝通。在文化促銷中，使文化習慣發生轉化是商家常常需要面對的問題。這時，商家就需要具備這樣的能力，將融入本國文化特色的商品銷售給目標消費者。

例如新加坡有一家商場曾採用哈巴狗促銷的方式來重點推銷英國貨。該商場選用一隻英國哈巴狗做吉祥物，同時在宣傳海報上寫道：「一聲吠出不列顛所有精華」。這一招使英國產品的生意在淡季裏也保持了興旺，獲得了意想不到的成功。

(4)符合當地法律

由於不同國家的法律規定有很大的差異，例如科威特規定，進口凍鴨須出口國的伊斯蘭教協會出具證書，以證明該凍鴨是按照伊斯蘭教方法屠宰的；除此之外，食品的質量、淨重、生產日期、保存方法和保存期等等，都要逐一註明。

因此，零售業在國際市場開展業務、舉辦商品促銷活動時，必須注意到各國法律的特點和不同之處，利用當地的文化風俗開展商品促銷。

35

改變店內商品的陳設方式

業 績 提 升 技 巧

　　改變店鋪的陳設方式，就可以使銷售額停滯不前的店，搖身一變成為商品暢銷的店。

1. 創意思考

　　常見許多店鋪的經營者苦惱地說：「別人的店有何優、缺點，往往一眼便能看出，但自己的店則不同，有時就算能察覺出需要改善的地方，也不知從何著手。」究竟事實是否真是如此呢？

　　店鋪主人在經年累月經營一家店時，會逐漸將一切都視為理所當然，以致慢慢喪失了創意思考的能力。

　　「B 鞋店」是以 18～22 歲的少女為對象所開的女鞋店。以時段來分析銷售額時，發現銷售額的 70%都集中於傍晚。

　　在傍晚的時段，平均每日可獲得三萬元左右的營業額，但店主的銷售目標則為每日五萬元。雖然店主對於在傍晚時段賣出三萬元極具信心，但其餘時段則仍令其極為困擾，因店主不知怎樣才能多賣出二萬元的商品。

　　經過詳細調查的結果，發現從早到晚都有不少顧客上門，且走過店門前的「流水式」顧客會因時段的關係而有極大的差異：上午走過

店門前的顧客有 70%是家庭主婦；午後，家庭主婦的人數減少，學生人數則增加，有時人數甚至多達 70%。而傍晚的時段，則是以職業婦女佔壓倒性的多數。店主雖然也注意到這種情形，但始終未採取因應的對策。

觀察中還發現，顧客並非僅從店門前經過，而是不斷地進入店裏，瀏覽商品，同時很明顯地都充滿購買的意願，亦即是以購物為目的而進入店中。

這家店由於所準備的商品並未週全的顧及各種層次的顧客，所以上午和中午的生意自然也就不好。

商店經營最重要的就是將顧客所需的商品準備齊全，這家鞋店店主雖然很清楚來光顧的家庭主婦需要何種款式的鞋，卻並沒有予以準備，於是儘管很多顧客上門，卻也只能任其因買不到所需商品空手而歸。在這種情況下，銷售額當然不可能提升，其實經商和經營店鋪都並不困難，難的是不明白「齊備商品」的道理。

目前，這家鞋店的店主經過反省和檢討，所準備的商品已能迎合前來光顧的客人。當然，這家店的主要消費群仍然是年輕人，但另外也已配合因時段而變化的顧客層次，擴大了商品的種類。

自從該店準備了家庭主婦所需購買的商品後，銷售情況改善了許多，令其本人覺得十分滿意。且該店其後所增添的商品款式也不致產生庫存方面的困擾，因為這類商品與主要商品相較，進貨量畢竟要少許多。

經營方式一旦改變，則過去店鋪予人的封閉形象也就會隨之改變，而成為氣氛明朗活潑、廣受歡迎的店鋪，且各種創意也會自然而然地不斷出現。

B 鞋店最近又有了極富創意的改變，亦即在店門前佈置了一輛新

穎突出的車型商品展示框,並依不同時段改變陳列物品。

此商品展示櫃的作用在於吸引從店前經過的顧客入店中,因此對從店前走過的客人而言,所陳列的商品必須是對其具有吸引力的商品方能奏效。

根據這種想法,B 鞋店在上午家庭主婦較多的時段,就展示以家庭主婦為訴求對象的商品;午後則針對學生顧客展示商品;傍晚時則改變陳設,以年輕人所需之商品為主加以佈置。換言之,也就是根據時段的不同來變更展示框中的商品。

結果顧客進店的比率果然大幅提高,當然營業額也因此有了理想中的突破。

2. 如何使銷售額成長

譬如「婦女服飾店」原本是以年輕人為銷售對象的服飾專門店,但在某些時段也有許多預定消費群外的家庭主婦從店門前經過。這家服飾店為了爭取家庭方婦進入店中光顧,就以時段為單位變更店內的陳列物,結果使整個店鋪氣象一新,形象完全改觀。

他們的作法是批進比以往更多計程車服飾,這些服飾不僅適合於家庭主婦穿著,也適合年輕人穿著,所選服飾的款式、設計甚至完全一樣,只是顏色不同而已。

這家店在家庭主婦最多的時段,以吊掛方式於店面前最顯眼之處陳列顏色適合家庭主婦穿著的服飾,如此一來,這家店在該時段中就呈現出一種出售穩重、端莊之服飾的氣氛。

但到傍晚時,這家店則一變而為陳列顏色亮麗的服飾,因為這些服飾同樣是吊掛於店前最顯眼之處,於是,C 服飾店在夜暮時便搖身成為以年輕人為商品訴求對象的服飾專門店。

目前,這家店年平均營業額已超出一千萬元,生意極為鼎盛。

只要略為改變觀念，就可以使銷售額停滯不前的店搖身一變成為商品暢銷的店。

3. 商品陳列的保持和更新：

⑴各展示區定期設立新焦點，同時使用新款 POP。

⑵經常更新產品的局部展示形式或全部調整位置。

⑶每 1～2 週重新規劃商品陳列格局及模特展示。

⑷每 3 天更換一次模特及掛裝展示的服飾配襯。

⑸缺貨時盡可能將適合掛裝的產品展開掛列，並多元化組合配襯，減少貨區空當。

⑹有促銷活動時，重新重點佈置貨區，並掛放專用標誌或 POP，營造突出的氣氛。

⑺及時撤換過季的 POP。

心得欄

表 35-1　商店陳列展示維護表

地區：　　　　　店名：　　　　　　　日期：　　月　日～　　月　日

維護項目 \ 日期	週一	週二	週三	週四	週五	週六	週日
商品 POP 的呼應配置							
過季、殘損 POP 的更換							
貨架間隔適中							
陳列商品拆包裝							
疊裝陳列平展、整齊							
掛裝間距保持均勻							
掛裝商品的拉鏈、紐扣就位							
掛裝商品同款用同種衣架							
試衣鏡無粘貼宣傳畫							
整個陳列自外到內顏色由淺至深							
服裝陳列方法的多樣使用							

36

如何施展價格促銷的魔法

業 績 提 升 技 巧

零售業欲搞好價格促銷,必須先瞭解消費者的價格心理,再決定各種誘惑性的定價策略,有助於商品促銷效果。

在價格促銷過程中,商家不僅可以對商品進行低價格定價,以吸引那些講求經濟實惠的消費者;同時,商家也可以對商品進行高位定價,因為高價位可以帶來一種優勢,如樹立品牌形象、吸引高收入階層,尤其是可以在市場中最先建立高價位時,這種優勢更加明顯。

一些企業成功的秘訣在於搶先創建高價位的位置,並使消費者能夠且樂於接受,否則高價位的作用只能是趕走潛在消費者。但這並不意味著採用低價就有利潤,價格促銷是一門深奧的學問。

1. 瞭解消費者的價格心理

為了做好價格促銷活動,零售業必須首先瞭解消費者的價格心理。這種心理研究有助於零售業對消費者進行有效的分類,增強商品促銷的效果。因此,零售業有必要對商品,尤其是促銷的商品按價格加以分類,以不同價格代表該商品的不同類別。例如可以對商場銷售的啤酒進行價格分類,分別為售價 2 元、5 元和 10 元,消費者就可以從中得出三種不同的信息,因為價格的分類在一定程度上就代表著

相關的啤酒質量。

由於商品價格的不同，消費者的心理和行為反應也不同。商品價格與消費者購買心理之間存在著以下各種聯繫：

(1)習慣性心理反應

對於不同的商品，消費者對它的價格會有不同的習慣認識。例如，人們認為一般的生活食用品不應該很貴，如果貴了就不會去買；相反，人們覺得電腦的價格不應該很低，否則就會懷疑它的質量，也不會購買。

人們對商品價格的「習慣性」比較穩定，如果沒有新價格產生，將一直沿襲下去。但是，如果有新的價格不斷衝擊，這種長期形成的習慣也最終也會發生變化，直到人們對舊價格的習慣性感受漸漸淡化、消失，對新的價格習慣起來。

(2)敏感性心理反應

消費者對商品價格變動的反應程度就是敏感性。研究表明，消費者對那些易損耗的日常生活用品的價格變動異常敏感，而對那些耐用消費品的價格變動則較遲鈍。這是因為日用品是人們每時每刻都離不開的，而且需要經常不斷地購買；而耐用品相對來說購買次數少，有的甚至幾年、十幾年乃至幾十年才會買一次。

由此可見，購買頻率的高低，是消費者對產品價格敏感與否的根本原因。

(3)感受性心理反應

消費者判斷商品是否昂貴，並不是以商品的絕對價格為標準的。有的商品絕對價格相對高一些，他會覺得便宜；有的商品絕對價格相對低一些，他卻會覺得貴。消費者這種對商品價格的感受程度，稱之為感受性。

消費者對商品價格高低的感覺，受到多種因素的影響，其中最主要的是消費者所接受的外界信息刺激，例如同樣價格的商品如果和高價格的商品擺放在一起，就會被認為「昂貴」；如果同低價格的商品擺放在一起，則被認為「便宜」。這種價格高低的不同感受，就是由刺激所造成的錯覺引起的這種心理，在賣場的商品陳列有很重要的功能。

⑷傾向性心理反應

消費者在購買商品時具有一定的傾向。一般來說，消費者的社會地位、經濟收入、購買經驗以及生活方式不同，對商品價格的傾向也不同。

通常，消費者對商品價格的選擇傾向有兩種，一種是傾向於選擇高價產品，另一種則傾向於選擇低價產品。購買高價商品的消費者多數收入比較高，而且懷有強烈的求名和顯貴動機；而選擇低價格商品的消費者大多經濟狀況一般，具有求實和求惠動機。

銳跑運動鞋作為世界上著名的體育運動產品，是第一個在印度開設專賣店的世界性運動鞋集團。但有誰知道，當初銳跑鞋進入印度市場時，其價格之高超出了人們的想象呢？據報紙報道，當時一雙中檔銳跑鞋的價格竟然相當於一個低級公務員一個月的收入，或者是農民一頭牛的價格。

採取何種價格政策是銳跑公司進入印度後遇到的最初挑戰。當銳跑公司 1995 年和印度當地的一個鞋業公司合資建廠時，印度還沒有豪華運動鞋行業，當然也不會有價錢超過 1000 盧比的運動鞋。

於是，進入印度以後，銳跑公司的管理層很想知道，那些被媒體炒得很厲害，但外界又很少得到證實的印度 3 億多的中產階

級消費者的能力到底有多大？銳跑公司為是否要專門為印度推出一種價格低於 1000 盧比的大眾化運動鞋款型而經歷了兩年思考。最終銳跑公司得出結論，儘管在印度的製作成本比較低廉，但是銳跑運動鞋無法在低價格的情況下維持其品牌質量。

於是，銳跑公司決定採取高定價的策略來維持自身的品牌形象。當這一策略被採納之後，銳跑公司向市場推出了價格高達2000 盧比的運動鞋。當這些鞋上市後，銳跑公司的一位地區主管經過調查得知了一部份人的反應。他說：「我聽到一位農民在印度的一家銳跑專賣店裏詢問一雙跑鞋的價格，這雙鞋價值 2500 盧比（58 美元）。那位農民的妻子說：『走吧。用這麼多錢我們可以買一頭牛了』。」

這位公司主管承認道：「我們起初為自己的高價感到不安，但結果是這一價格給我們帶來了好處。」他說：「把即使是最便宜的銳跑鞋也定位在 2000 盧比左右的價格，使銳跑鞋有一種獨一無二的品質，同時也幫助銳跑公司開拓了印度廣闊的市場。」

例如銳跑公司限量出售的 3000 雙「電石型」銳跑鞋，這種鞋的售價超過了 5000 盧比，在印度等於一台冰箱的價錢。儘管如此，僅僅在 4 天之內，這種鞋卻被搶購一空。

這位公司主管解釋道：「這正是我們高定價的原因所在。銳跑作為世界知名品牌，價格低了消費者會認為不符合它的品牌。所以我們最終決定採取高定價策略，事實證明這是一個英明的決策。」

現在，銳跑鞋已經成為印度中產階級年輕人熱衷購買的時尚產品。銳跑公司在印度市場還有一個驚人的發現：對世界名牌胃口很大的年輕人不僅僅局限在印度的幾個大城市，即使是印度的

二流城市，其消費者的消費能力實際上比幾個國際大都市還要高。

　　自從有了這一發現之後，銳跑公司就更加堅定了決心。為了保護自己的品牌形象，銳跑公司在印度專門致力於開設銳跑專賣店，每一個專賣店都由個人進行特許經銷。由於經營銳跑公司的產品利潤相當可觀，因此申請加盟者非常之多。

　　據有關媒體報道，現在印度的銳跑專賣店一年能夠為銳跑公司賣出去 30 萬雙運動鞋，佔到了印度高級運動鞋市場的 60%，每年為銳跑公司創造了數額巨大的利潤。

2.價格促銷的目標

　　零售業在確定商品價格以前，首先要做的工作就是確立商品定價的目標。一般來說，商品定價的目標有以下幾個：

(1)提高市場佔有率

　　有時候，企業的定價目標不在於獲得一時的利潤，而是希望提高市場佔有率。

　　提高市場佔有率有助於降低成本，打擊競爭對手，為將來的利潤實現奠定堅實的基礎。同時，市場佔有率是企業經營狀況和競爭實力的綜合反映。顯示了企業的市場地位。

　　因此，提高市場佔有率通常是企業普遍採用的定價目標，零售業也不例外，例如許多特價商店採取的就是這種策略，即採用低價格策略打入市場、擴大銷路，同時與其他促銷手段相配合，最終達到提高市場佔有率的目的。

(2)追求利潤最大化

　　盈利是企業生存和發展的先決條件。因此，爭取最高利潤，使企業得到迅速發展是不少企業追求的目標。為了追求利潤最大化，零售業可以進行高位定價，但是這樣做的前提是所銷售的商品一定要質量

過硬，而且商店要有良好的社會形象，在消費者的心目中具有較高的聲譽。

但是，高位定價和追求利潤最大化並不存在必然的聯繫，因為利潤的多少取決於價格和銷售量這兩方面的因素。所以零售業在制定追求利潤最大化經營目標時，要考慮價格對商品銷售量可能產生抑制作用。

(3)實現投資收益率

投資收益率是企業在一定時期內所獲得的投資回報與投資總額的比率，反映出企業的投資效益。在成本不變的條件下，價格的高低取決於企業規定的投資收益率的大小。因此，在這種定價目標下，投資收益率的確定與商品的價格水準直接相關。

因此，零售業需要限定投資收益率的最高水準，以避免過高的收益率使商品定價過高而抑制商品的銷售量，從而影響投資收益率的實現。

(4)適應價格競爭

在激烈的市場競爭中，企業往往對競爭者的行為十分敏感。零售業在商品定價前，會仔細研究競爭對手的商品定價情況，然後有意識地利用各種價格策略去對付競爭者。例如現在有許多零售業設有專門的抄價員，他們的工作主要是到其他商場將對方的商品價格抄寫下來，作為本商場制定商品價格的依據。

一般來說，那些實力強大的零售企業常採用低於競爭對手的價格來排擠競爭者，提高自己的市場佔有率，例如家樂福的「天天低價格」競爭策略和沃爾瑪「低價銷售」原則；中小型零售企業則追隨市場領導者的價格，或以略低於市場價格的方法進入市場；而某些擁有獨特優勢的零售企業則會採用明顯高於競爭者的價格，由此提高企業的知

名度,例如一部份專賣店採取的就是這種定價策略。

⑸維持價格穩定

價格戰是多數企業所不願見到的,因為其最終結果通常令各企業元氣大傷。出於保證會有正常經營利潤的目的,大多數零售業都希望維持市場價格的相對穩定。

為了保護自己,那些在市場競爭中居於主導地位的零售企業會達成默契,保持商品價格的大體平衡,以消除可能引起的價格戰。其他零售業則一般在價格上追隨舉足輕重的大商場,不輕易變動商品的價格。

3. 價格促銷的定價策略

對於消費者來說,商品價格的微小差異和變動都牽動他們的心。因此,零售業能否制定被消費者接受,並且符合其心理需要的商品價格,就成為零售業獲得預期利潤的重要因素。

零售業在開展價格促銷時,經常採用的商品定價策略:

⑴奇數定價策略

這是一種常見的定價策略,其實質就是給產品制定一個非整數的價格。例如,一張床的價格為 299 元,這就是採用了奇數定價法。通常,奇數價格能給消費者以價格便宜、定價準確的感覺。假如這張床的定價不是 299 元而是 300 元,其效果會有很大的不同。儘管兩者只差 1 元錢,但在心理上的感覺卻相差很多:一個是 200 多元,一個卻要花 300 元整。

奇數定價策略的目的,主要是使消費者產生便宜的感覺,但並不意味著商品的價格就定得很低。例如,某種商品在考慮了成本等因素後應定為 250 元。如果利用奇數定價法,則既可以定為 249 元,也可以定為 251 元。這兩種價格一個低於 250 元,另一個則高於 250

元，但效果是相同的，都會給人留下便宜、準確的印象。

(2) 整數定價策略

對某些消費者而言，「便宜」並不一定有吸引力，而「昂貴」對他們來說更具有魅力。這種現象在購買貴重商品時尤其突出。

例如一位女士準備買一件價格在 1000 元以上的大衣，而商場出售的是 880 元的，她就沒有買。她為什麼不買呢？因為她覺得這件大衣「太便宜」，質量肯定不如想象中的好。整數定價法就是根據消費者的這種心理來制定商品價格的。這種方法制定的價格都是整數：如 100 元、650 元、1500 元等。

這樣的商品定價會使人覺得商品的檔次很高，能夠滿足消費者的顯貴動機。同時，這種昂貴的價格也暗示著商品「質量上乘」或者「豪華氣派」。因此，當消費者不太瞭解商品的性能或質量時，整數定價尤其會受到他們的青睞，因為消費者要確保買到的商品是高質量的。

(3) 聲望定價法

在許多消費者眼裏，名牌是一種符號，代表著商品使用者的身份和社會地位，例如穿上一雙「耐吉」旅遊鞋，在別人眼中的形象可能就大不一樣了。因此，他們崇尚名牌、名店，認為名牌商品的質量可靠，值得信賴。尤其是那些高收入階層，更是要去豪華的大商場購買名牌商品來顯示自己的社會地位，而在普通商店購買低價商品會使他們覺得有失身份。

因此，聲望定價策略主要是利用消費者對優質名牌商品的崇拜心理和信任心理，為商品制定較高的價格。

(4) 撇脂定價策略

所謂「撇脂」，原意是撇取鮮牛奶表現上的一層奶油，這種定價策略一般用於新上市的商品。由於這時新商品還沒有競爭者，也沒有

與之相比較的價格，而購買者又都是具有強烈的嘗試新商品慾望的人，他們有著強烈的求奇、求新動機，一般不太注意產品的價格高低。

因此，商家可以把這種新商品的價格定得高一些，以便能夠儘快地收回成本，獲取高額的利潤。以後如果出現了競爭者，為了在競爭中獲勝，那時可以再逐漸降低價格。

撇脂定價策略主要是以收入較高、對價格不敏感或者具有求新、獵奇動機的消費者作為促銷對象的。

例如美國人雷諾於 1888 年發明了圓珠筆，一度成為風行世界的辦公用品和便於個人携帶的文具。這種筆的成本有多少，現在大家都很清楚。但是雷諾深諳經營之道，他利用消費者的求新心理，通過各種宣傳，給圓珠筆披上了神秘的外衣，使它身價百倍。於是，雷諾以驚人的高價向全世界銷售圓珠筆，立即發了大財。等到這種產品的神秘性不復存在時，其價格一落千丈，而此時雷諾早已經去經營新的產品了。

⑤滲透定價策略

滲透定價策略與撇脂定價策略正好相反，即新產品上市時，企業以微利、無利甚至虧損的低價格推向市場，當產品在市場上打開銷路、站穩腳跟後，再逐步將價格提高到一定的水準。

滲透定價策略主要是利用消費者求廉、實用的心理，該策略是企業在市場競爭中制勝的重要手段。在新商品進入市場時，如果把價格定得低於競爭者，有助於刺激人們的需求，從而爭取理想的市場佔有率，儘早取得市場的支配地位，同時阻止競爭者進入市場。等到佔據市場並且具有相當的威望後，再逐漸提高售價。

實際上，滲透定價策略是通過犧牲短期利潤來取得市場佔有率的，要求在得到利潤之前先取得巨額銷售量。這種方法的優點在於，

低廉的價格使競爭者覺得無利可圖，因此不會迅速進入市場。這樣，企業就可以有效地阻止競爭者的攻擊，在較長時間內保持較大的市場佔有率。利用這個時機，企業還可以進一步控制市場，提高自己的市場競爭能力。

但是，這一定價策略也有缺點。如果商品的銷售量達不到預期水準就會虧損，同時回收新商品成本的時間太長也不利於企業的資金周轉。另外，「便宜沒好貨」的傳統思維也容易使消費者懷疑新商品的質量和性能。尤其是當企業在後期調高價格時，可能會使消費者在心理上產生反感，甚至抵制購買該商品。

(6)習慣價格策略

這種定價策略就是要求商家按照消費者「習以為常」的價格來給商品定價。由於消費者經常使用、購買某些商品，對商品的功能、質量等等方面的情況都有一定的瞭解，於是在長期的購買中形成了某種價格習慣。因此，商家要瞭解並順應消費者的習慣定價，如果價格偏離了習慣價格，消費者就有可能減少購買量。

(7)招徠定價策略

這種定價策略主要利用消費者的求廉、求實心理，有意使某種商品的價格接近成本，甚至低於成本，而其他競爭商品的價格適中或者比較高。一般來說，多數消費者對低於市場價格的商品都會感興趣。招徠定價策略就是通過降低少數商品的價格，以吸引消費者登門購買，藉此促銷其他產品。

例如很多商場都在節假日舉辦「優惠大酬賓」，這就屬於招徠定價的做法。商家通過吸引顧客購買廉價商品的同時，來購買其他正常價格的商品，以增加商場的商品銷售總額。

⑻心理定價策略

這種定價策略主要是利用消費者的心理意念，在制定商品價格時，在價格尾數用一個表示吉祥、喜慶的數字。

有些消費者購買商品時，會追求吉利，討個好兆頭。利用這種消費心理，商家在商品定價時可以適當的應用。例如，許多地方認為 6、8、9 等是意好的數字，如「6」代表順利，「8」意味著發財、發達，「888」就是「發發發」，而「168」即「一路發」。至於結婚用品的價格，多與「9」有關，為的是討個「長長久久」、「天長地久」的吉慶兆頭。

⑼消費者定價策略

這種定價策略是指商家對自己出售的商品不制定價格，而讓顧客自行定價。

例如有一家夫妻飯館，該飯館的菜單上所有的菜都不標價，而是讓顧客自己定價格，自覺付錢。結果這一頗有特色的定價策略招來了不少喜歡好奇的顧客光顧，使飯館的名氣大增。

也許有人會問，如果有人存心少付錢怎麼辦？其實不用著急，這樣的人畢竟只是少數，那些光顧者大多都有自尊心，一般不會做出不付錢、少付錢的事；相反，還有不少多付款以顯闊綽的顧客。

通過這種定價促銷方式，這家飯館不僅提高了聲譽，樹立了自己的獨特形象，而且還獲得了較好的利益。

當然，使用這種定價方式具有一定的局限，首先必須根據消費者的文化素養、社會風氣等綜合考慮。

⑽天天廉價策略

天天廉價策略是指經常的廉價促銷。使用這種方式時，商家會以相對低廉的價格刺激消費者的需求，擴大商品的銷售量。這種定價策

略要求商品的價格水準低於市場的平均水準，降低售價與成本之間的差額，達到薄利多銷的目的。

例如，世界 500 強企業的沃爾瑪特百貨公司，他所銷售的各種商品比別的商場都要便宜，這是他所一貫宣傳的重點，因此深受消費者的歡迎。20 世紀 80 年代以來，沃爾瑪特的連鎖店不斷增加，銷售額不斷上昇，現在已經成為全球最大的零售企業。

4.賣場的折扣促銷

零售業的折扣促銷，可以使消費者以低於正常水準的價格獲得商品或利益。由於折扣促銷效果直接且明顯，因此受到了許多商家的青睞；折扣促銷的核心內涵是：商家讓利，顧客省錢，雙方共贏。

⑴折扣促銷的時機

零售業開展折扣促銷活動時，一定要選好促銷的時機。一般來說，採取折扣促銷的時機有以下一些：

· 當商場紀念店慶時，採取折扣促銷酬謝顧客。
· 商場採購到新的暢銷商品時，為喚起顧客的需要，增加銷售量，折扣促銷可以實現這一目標。
· 當競爭對手採取促銷活動時，折扣促銷可以充作對抗競爭的有力武器。
· 借減價優惠活動，招徠大批顧客，刺激購買一般商品。
· 當商場處理破損、汙損、零頭（非整齊的）、流行過時、滯銷商品時，可以採取折扣促銷。
· 當商場為了加快資金週轉，加速資金回收時。
· 商場為了扭轉商品或服務銷售全面下跌的局面時。
· 為了提高某一品牌的商品在同類商品中逐步下降的市場佔有率時。

· 為了提升消費者對成長類商品品牌的興趣度時。

· 吸引消費者對商品的試用慾望時。

· 當重大節假日來臨時，可以開展折扣促銷活動吸引顧客。

折扣促銷對於提高消費者對商場的注意力，以及促進商場的商品銷售極為有效。

折扣促銷還可以鼓勵消費者購買一些以往售價比較高的商品，例如某商品打折後的售價，如果和普通品牌商品的售價相差不多時，消費者就可能去嘗試這一新的商品。

(2)折扣促銷的優缺點

· 折扣促銷的優點

運用價格折扣進行商品促銷，具有下列優點：

①提高商品在貨架上的注目率，從而鼓勵消費者大量購買。如果能夠在包裝上加一個設計突出的促銷貼紙，勢必使該商品更受矚目。

②穩定現有顧客，促進銷售升級。折扣促銷能使消費者立即享受折現或節約費用，這對於既瞭解本商品，又正在滿意地使用本商品的消費者而言，自然會促使其繼續購買。

③通過折扣促銷促使試用者產生購買商品的強烈慾望。對於初次嘗試的購買者，若以採取折扣促銷，能促使其成為經常使用者，因為這可直接從商品的價格上得到優惠。此種方式對低價位商品及日常用品更為有效。

④折扣促銷具有較高的彈性，零售商店可以完全掌握促銷活動的每一個環節。

· 折扣促銷的缺點

折扣促銷雖有許多優點，但也有其不足的地方：

①對於正處於衰退期的商品來講,折價促銷只能短暫地使其銷售
回升,無法扭轉其已有的趨勢,無法從根本上解決問題。

②只能暫時增加商品的市場銷售,而且對於市場佔有率越低的商
品,須經常給予較高的折扣優惠,才能吸引消費者的注意。

③對於那些品牌尚未被消費者認同的商品,只能用高折扣才能吸
引消費者,這種方法對於市場佔有率低的商品的促銷,並不很
理想。

④折價促銷無法使消費者產生品牌忠誠度。因為消費者常在活動
結束後,經常轉買提供優惠的其他商品。

⑤折價促銷不易吸引初次購買者,而且經常舉辦折價促銷,還會
損壞商場的形象,從而影響銷售量。

⑥對於零售商店而言,開展折扣促銷活動時,常需在商品包裝、
存貨管理等方面進行特別處理,從而增加費用開支,因此需要
較長時間的準備。

(3)折扣促銷的案例

人們也許見過許多折扣商店,但是有誰見過打一折的服裝店?確
實有這麼一家服裝店,而且它位於日本東京銀座──這個曾經是全世
界租金最昂貴的商業繁華區。

這家服裝店名叫「紳士西服店」,它靠著曾經舉辦的「西服一折」
促銷活動,使那些見慣了各種促銷手段的東京人大為吃驚,從而吸引
了絡繹不絕的顧客,成為廣大消費者心中印象極深的服裝店。

在當時,將服裝尤其是高檔次的西服打一折,是日本人前所未聞
的;即使是現在,號稱一折促銷的商店也不多見。然而,這種促銷的
誘惑力卻是非常強烈的,而且紳士西服店還靠它賺了不少錢。

那麼,紳士西服店一折促銷的奧秘在那裏呢?

該商店的具體做法是：先發佈打折促銷的廣告宣傳，特別強調促銷期間從那天開始到那天結束。然後，廣告中詳細說明了西服打折的情況：

第一天，所有的西服 9 折銷售；第二天 8 折銷售；第三天和第四天 7 折銷售；第五天和第六天 6 折銷售；第七天和第八天 5 折銷售；第九天和第十天 4 折銷售；第十一天和第十二天 3 折銷售；第十三天和第十四天 2 折銷售；最後兩天一折銷售。

在打折銷售期間，消費者可以選定自己方便的時間去購買西服，就可以按上述規定享受折扣優惠。如果僅從價格而言，想買到最便宜的西服，那麼當然是在最後兩天去買。但是，如果想買到好的、稱心的西服，卻不大可能在最後兩天去買。

在打折期間，第一天、第二天來的顧客並不多，來的人也只是看一看，呆一會兒就走了；到了第三天和第四天時，人們開始不斷光顧；第五天打 6 折時，客人則如洪水般湧來，開始搶購買自己早已相中的西服；再以後，西服店的顧客天天爆滿，直到西服全部賣完為止。

從消費者的購物心理角度來說，任何人都希望在打 2 折、打一折的時候買到自己最想要的西服，然而這些西服在絕大多數情況下都不會留到最後一天，早被其他人搶購買去了。

因此，消費者一般會在第一天、第二天先來看一下，確定自己想買的東西。等到打 7 折時，人們就開始焦躁起來，擔心別人把自己喜歡的西服先買走了。

⑷折扣促銷的形式

零售業的折扣促銷活動，關鍵在於必須讓購物者知道商品減價多少，以此來決定自己是否購買某些商品。折扣促銷的常用形式有以下幾種：

·利用商品包裝標示折扣

即利用商品的包裝，將商品的折扣數額標示在上面，讓消費者一看就知道，但是折扣標示的設計一定不能將商標蓋住，否則就有喧賓奪主之嫌，別讓[減價標貼」掩蓋了商品標籤，只要看得清楚就夠了。

利用包裝標示折扣的形式具體可以分為以下幾種：

①標籤設計。在商品的正式標籤上可以運用醒目的色彩，利用鋸齒設計、旗形設計或其他創意，將折扣優惠顯著地告知消費者。

②聯結式包裝。即將幾個商品包在一起進行折扣促銷，可以將減價金額標示在套帶上。這種方式普遍用於促銷香皂、口香糖、糖果等一類商品，例如在超市常見的特價[組合包裝」，就屬於這種情況。

·利用折價券促銷

折價券是一種古老而現在仍然風行的有效的促銷工具，它採用向潛在顧客發送一定面額的有價證券的方式，持券人在購買某種商品時，可憑券享受折扣優惠。

零售商店的折價券，是在某一特定的商場或連鎖店使用。零售商型折價券的運用目的在於吸引消費者光臨某一特定商店，而不是為了使顧客購買某一特別品牌的商品。它也被廣泛用來協助刺激消費者對店內各種商品的購買慾望。

零售商型折價券也是零售商與廠商間進行合作的極佳途徑，其目的就是誘合消費者到特定的商店，購買特定的商品。

為了充分發揮折價券的促銷作用，可以採取以下方式散發折價券：

①直接向消費者分送折價券。通常是向路過商店的顧客散發，或挨家挨戶遞送，或用郵寄方式直接寄送到消費者手中。

②通過媒體發放折價券。例如通過報紙、雜誌、週末或週日附刊

等印刷媒體，發送折價券。

③隨商品發放折價券。具體分為「包裝內」和「包裝上」兩種。所謂「包裝內」，是指將折價券直接附在包裝裏面，商品的盒子或紙箱上常以「標籤」特別註明，以吸引消費者注意。「包裝上」折價券，意指在包裝的某處附有折價券，它可以是在包裝標籤紙上，或印在紙箱上。

④利用特殊管道發放折價券。例如將折價券印在收銀機列印的發票背面、商店的購物袋上、街頭促銷宣傳單等等各個可利用之處。

· **信用卡回扣促銷**

即向消費者發放信用卡，使消費者利用信用卡來商場購物，憑藉信用卡中的積分享受一定的價格優惠或折扣。

現在許多零售企業都採取了向消費者發放信用卡促銷的方式，規定只要消費者一次購物達到一定金額就可以得到一張信用卡，然後持卡者每次購物時出示信用卡，就可以不斷積分，隨著積分的增加而享受不同的折扣優惠待遇。

零售企業發放信用卡是為了讓消費者使用其信用卡，因而會千方百計地提供誘人的優惠條件，如商品的價格折扣、購物的商品破損保險和延長期限的質量保證等等。

· **買一送一**

就是提供兩個以上的商品用來做折扣促銷，例如[買一送一」或「買二送二」就屬於這種促銷。美國有一家沃爾格林便利商店就是運用此方式促銷的典範，顧客只要購買了某些指定的商品，那麼第二項商品，只要花 1 美元即可買到。

⑸折扣促銷的注意事項

使用折扣促銷方式，要注意到下列事項：

① 折扣的範圍

一般來說，零售商店提供給顧客的折扣優惠至少要有 15%，才能吸引消費者購買。不論新舊品牌的商品，通常減價愈多，銷售得愈快，效果也愈好。

② 形象問題

經常舉行折扣促銷的零售商店，有可能會給顧客造成這樣一種印象，即商店出售的都是一些處理品，因而會在無形中減損商品的價值，而且愈減價優惠，提升商品銷售量的目標反而愈加困難。

因此，一旦折扣促銷活動舉行得過多時，常會被視為品牌形象的一部份，若消費者習慣了某商場的商品經常減價銷售，其促銷的效果自然也就微乎其微了。

③ 商品的處理

對於零售商店而言，舉行折扣促銷活動時，常需對促銷的商品特別處理。

由於部份減價促銷商品需要分開來特別包裝，因而處理過程的成本自然相對提高。至於存貨管理，更需要特別存放，以免與正常品混淆，而在零售商店的貨架上又常特別陳列。

④ 商品庫存問題

除了商品的處理問題外，折扣促銷也會造成商品的庫存問題。儘管零售商店願意參與折扣促銷以獲取好處，然而折扣促銷所帶來的商品的庫存壓力，對零售商而言卻是一大困擾，因為究竟應先賣何種商品，實在是難以取捨，以致造成存貨管理的不平衡。

因此，零售企業在開展折扣促銷活動時，一定要注意以上問題，不要因為折扣促銷而給商店帶來不必要的不利影響。

37

要借用名人促銷

 業 績 提 升 技 巧

　　為增　客戶的信賴感，企業可善用人類服從權威的心理，借用名人來推動促銷，以揚名策略帶動有利的銷售機會。

1.「借名釣利」促銷的功能和特點

　　利用「借名釣利」開展促銷，對於零售業具有多方面的作用，因為這一促銷策略具有以下各項特點：

(1)增強消費者的信賴感

　　借名釣利的一個最大優點就是可以增強消費者的信賴感，為商品的暢銷創造良好的條件，而且還可以幫助企業消除危機，並使消費者重新認同商場，踴躍購買商場的商品。

　　日本有一種名叫「香甜莓」的食品一直很暢銷。1982 年 8 月，日本的衛生部門突然宣布「香甜莓」因受污染而含有致癌物質，消息傳開，消費者紛紛退貨並要求賠償，各大商場深受其害。

　　為了消除這次事件的不利影響，該公司除了召開記者招待會、公布調查結果及真實情況以外，還請有關的政府官員以及衛生、食品方面的專家學者對「香甜莓」發表了權威性意見。

同時，該公司還充分利用名人效應來進一步打消消費者的疑慮。當時，日本的相撲大賽即將開始，該公司就專門請了兩位著名的相撲運動員，讓他們在電視上與公眾見面時，各自吃了一份香甜莓果醬。

人們看到這兩位名人的行動，於是疑慮頓消。幾天以後，「香甜莓」食品重新暢銷日本市場。

(2) 擴大影響面

只要我們打開電視機，到處都可以看到利用名人做宣傳的廣告。例如成龍為愛多 VCD 機做廣告、伏明霞為雪碧汽水做廣告、……簡直數不勝數。我們生活在一個名人點綴起來的社會：以名人命名的品牌、名人為主角的廣告、名人開辦的企業、名人參加的促銷活動等等，名人使這個世界更加豐富多彩。

可以說無論是生產者還是消費者，在各種促銷活動中總能看到名人的參與。無論是活動的電視廣告，還是平面形式的招貼面，到處都閃現著名人的踪迹。利用名人搞促銷活動，其著眼點就在於利用名人效應，擴大商家的影響，使那些名人的崇拜者和追隨者爭相模仿名人，接受名人在廣告中推薦的商品或商家。

例如有一家著名的商場開設了一個化妝品專櫃，並由總經理親自出面，請來在電影界著名的某位女演員，請她每個月到這家商場的化妝品專櫃來一次，當場接受化妝師替她化妝。

由於這位女演員在電視中經常露面，而且她所演的電影深受廣大觀眾喜愛，只要是看過她的電影的觀眾，都會被她吸引。所以，平時只要看電視的人很容易就可以認出她來。

因此，當消費者前往這家商場購物的時候，只要這位女演員一到，人們只要經過這個化妝品專櫃，就可以看到這位女演員。

受到這位女演員的影響，消費者都認為這家商場的化妝品專櫃所

銷售的化妝品都是非常優秀的產品。尤其是那些喜歡這位女演員的消費者，更是受到鼓舞，紛紛掏錢購買化妝品，使這家商場的化妝品專櫃經營的非常成功。

⑶形式多樣

以借名釣利的形式開展商品促銷，還可有許多別的形式可以借用。例如請名人做廣告、參加著名的連鎖商店、借用名牌商標等，都是有效的借名釣利促銷形式。

2.「借名釣利」促銷的種類

⑴借用名人做廣告

這是「借名釣利」促銷策略的最常見手段，也就是所謂的名人促銷。

美國前總統克林頓剛上任的時候，就立即被精明的美國商人派上用場，利用來為自己賺錢了。例如有一家飯店的老闆通過關係得到了克林頓夫婦最喜歡吃的食譜，同時還得知克林頓年輕時的綽號叫「威利滑頭」，以及克林頓的一些往事。

這家飯店的老闆想到了一個非常能賺錢的主意。他首先將飯店的名稱改為「威利飯店」，並列出了一系列克林頓最喜歡吃的菜，並利用各種方式廣為宣傳。

在美國，總統總是受到最大多數人關注的目標。因此，這家飯店推出了克林頓的食譜之後，引起了人們的極大關注：總統最愛吃的菜是什麼滋味？

許多人都抱著這樣的疑問，想到這家飯店親自嘗一嘗所謂的克林頓食譜。於是，許多人懷著極大的興趣來到這家飯店，幾乎都無一例外地點了克林頓總統最愛吃的菜。

為了營造一種更加逼真的環境，飯店的老闆還在大廳內部最顯眼

的地方雕塑了克林頓和夫人、女兒一起吃飯的雕像，看上去栩栩如生。從外面經過的人猛一看上去，還真以為是總統一家人在裏面吃飯呢。還有許多人正是見了這一雕塑之後，受到吸引才走進飯店吃飯的。當人們在飯店吃完飯以後，臨走之前總忘不了要和「總統全家」拍照，做個留戀。

正是借助這種名人效應，這家飯店吸引了大量的顧客，成為利用名人促銷的典範。

在中國也有一則事例值得經營者借鑑：

長城飯店是北京的一家著名飯店，在開業之前，長城飯店的總經理得知美國總統雷根將要到中國訪問的消息，他通過各種關係打聽到了雷根總統訪華的大致日程安排，於是一個借助名人開展宣傳促銷的設想在他腦海中很快就形成了。

在雷根總統訪華之前，長城飯店的總經理向美國駐華大使館的各級官員發出頻頻邀請，讓他們到長城飯店赴宴，請他們對飯店的各項經營服務措施提出自己的意見，以幫助飯店提高服務質量，不斷改進服務工作。

當美國駐華大使及其他官員對長城飯店的工作表示非常滿意時，長城飯店的總經理就直接向他們提出了要求：希望雷根總統訪華時的告別宴會在長城飯店舉行。

由於美國大使館駐華官員對長城飯店的服務質量已經有了相當的瞭解，於是雙方經過反覆磋商，最後達成了協議，決定將雷根總統訪華的告別宴會安排在長城飯店舉行。

1984 年 4 月 28 日，也就是美國總統雷根訪華的最後一天，雷根總統在北京長城飯店舉行了告別宴會。於是，來自世界各地的 500 多名記者發出的關於里根總統訪華告別宴會的新聞報道中，都無一例外

地寫到了宴會舉行的地點—— 北京長城飯店。

作為全世界最富有國家的總統,雷根選擇了長城飯店作為告別宴會的舉辦地,立即使長城飯店的名聲鵲起,成為世界聞名的飯店。此後,當其他國家元首訪華時,他們也都紛紛選擇長城飯店作為舉行宴會的場地。從此,長城飯店真正成為世界各國元首訪問中國時鍾情的選擇。

(2)借用名牌企業名號

借名釣利促銷策略除了請名人做廣告宣傳之外,還有一種常見的手段就是借用著名企業的名號(或借用名牌商標)來開展商品促銷。

借用著名企業名號開展促銷的前提,就是被借用的企業必須在消費者心目中具有極高的地位。因為這種企業長期辛辛苦苦積聚起來的信用,以及其穩固的事業基礎已經牢牢地植根於廣大消費者的心目中,因而所顯示的威力是初創企業所無法相比的。

如果能夠借助這些著名企業的名號來開展經營業務,比企業自己費盡千辛萬苦創建自有品牌更加省時,也更加方便。

對於零售業來說,借助於著名企業的名號(或商號)開展經營活動,也需要注意尋找在消費者心目中具有一定地位的商業企業,借助它們已有的影響來加強對消費者的吸引力。

有一家經營時裝的商店位於繁華的商業區,但是由於人們對它不太熟悉,因此不論經營者用什麼方法進行宣傳,就是吸引不了顧客上門。這時,有人給時裝店的經理出了一個主意,建議他加入一家著名的服裝連鎖公司,借助這家服裝連鎖公司的名氣來開展經營。

於是,在經過一番考察之後,這家時裝店的經理接受了這一建議,並且和那家服裝連鎖公司的總經理進行了洽談,最後雙方達成協議:時裝店每年交給服裝連鎖公司 5 萬元的品牌特許使用費,服裝連

鎖公司則負責時裝店的員工培訓、店面設計、服裝採購等一系列問題。

當這家時裝店改換門庭之後，情況立即有了很大的改觀。原來每天不到 1000 元的收入，現在一下上昇到了五六千元，多了近 6 倍。結果一年下來，時裝店除掉交給服裝連鎖公司的 5 萬元的特許使用費之外，銷售額比以前增加了 5 倍。

這家時裝店利用的正是借名釣利的促銷策略。它選擇了同行業的服裝連鎖公司作為自己的加盟總公司，有效地借助了服裝連鎖公司在消費者心目中的聲望和地位，吸引它的忠實消費者，有效地促進了服裝的銷售。

(3)以退為進的借勢揚名策略

這種策略就是企業在沒有實力和競爭對手開展正面競爭時，為了保存實力、待機破敵而採取的一種有計劃的促銷策略。

採取這種促銷策略時，要求企業的促銷策劃人員必須具備敏銳的眼光和靈敏的思維，抓住適當的時機或進或退，在這種迂回曲折的過程中壯大自己的實力，最終實現自身發展的目標。

例如成立於 1954 年的美國約翰遜製造公司，最初的投入資金還不到 500 美元。當時它只有一間簡單的工廠和一台攪拌機，員工除了喬治‧約翰遜本人以外，就只有一個工人。它所生產的產品是一種水粉護膚霜，和當時美國最大的化妝品公司──福勒公司相比，這種產品既沒有名氣，也沒有眾多的消費者，因此剛開張的頭幾個月，就積壓了有限的資金，使公司幾乎喘不氣來。

於是，喬治‧約翰遜開始轉變思路，決定避免和福勒公司進行正面競爭，而是出人意料地在廣告中宣傳福勒公司的化妝品，當然廣告中同時還介紹自己公司的產品。這樣一來，約翰遜製造公司的產品也就被介紹給了消費者。

喬治‧約翰遜在廣告中宣稱：「福勒公司是化妝品行業的金字招牌，您買它的產品真有眼光！不過，當您用了它的化妝品之後，如果再塗上一層約翰遜公司生產的水粉護膚霜的話，您將會收到意想不到的奇妙效果。」

儘管喬治‧約翰遜的朋友們都不贊同他的這一做法，但是他並沒有改變自己的想法，認為自己最終一定可以取代福勒公司，成為美國化妝品行業的龍頭老大。事實的結果證明了喬治‧約翰遜的遠見，因為許多消費者確實通過這種廣告瞭解了約翰遜公司的產品，他們都忍不住買來這種產品試用，效果令他們非常滿意。

於是，約翰遜公司的產品立即名聲上揚，公司的地位也迅速上昇。最後，約翰遜公司逐漸成為美國黑人化妝品的最大生產廠家，將福勒公司擠出了黑人的化妝台。

在這裏，約翰遜公司所利用的正是一種借名釣利的促銷策略，它借的是福勒公司的名，釣的卻是自己的利。

心得欄

38

設法開發獨特商品

業績提升技巧

商店應設法提供獨特商品，擴大自己的商圈，獲利自然就會提高。

對於商店而言，最重要的莫過於擁有屬於自己的獨特商品，尤其假使這種商品是劃時代或備受矚目的商品，則更能助其迅速地擴大商圈。

此外，有獨特商品的店鋪，其店中其他商品的銷售量亦會因而大為提高，假使店鋪性質是屬於食品店，則若能提供當場示範的菜肴供顧客品嘗，就能顯現出該店特色，而獲利自然就會相對地提高。

商店只要能略微花費心思，亦有可能開發出獨特的商品。

1. 發揮技術，開發獨特商品

Ｙ鞋店是一家以自由車選手為銷售對象的鞋店，但僅靠這類商品是無法使銷售額提升的，因此這項弱點便成為該店極待突破的課題。

此外，Ｙ鞋店所在的位置並非是銷售條件優越的商圈，於是該店便為了吸引商圈外的顧客而開始推銷手工製造的鞋。他們在生產這類鞋時都儘量發揮獨特的技術，如配合顧客不同的需要而設計製造各種不同的鞋，或替尺寸特別大的人製作特大號鞋，以及製造其他鞋店所

買不到的商品等。Y 鞋店以這種方式來表現自己商品的特殊性，結果連手工制的鞋類以外的商品也連帶受到正面影響，銷售額比前一年成長了 34%以上。

S 鐘錶寶飾店也發揮了其製造鐘錶寶飾的獨特技術，銷售手工制的裝飾品，同時也應顧客需要設計與製造獨特的商品，並打出「只屬於你的獨特手制裝飾品」的招牌，成功地從商圈外招來許多顧客。

由上可知，一家店只要有真實的工夫和技術，就應將技術充分地發揮出來，以便使自己的店富有獨特的個性，而以與眾不同對顧客作訴求。

2. 批入商品後應再加工

批入商品後不能就直接標價出售，而應稍微加工，因為唯有如此，才能開發出屬於自己的獨特商品。

雖然把所有進貨的商品都重新加工是非常費時麻煩的，但暢銷的主力商品則有必要經過此一流程。

因為，經過加工後的商品，往往能賦予店鋪特色，相對地便提高了對顧客的吸引力。

譬如某運動鞋店開發出一種很獨特的鞋帶，並於出售運動鞋時附送此鞋帶作為更換之用，結果經由顧客們的義務宣傳，目前這家運動鞋店已擁有相當多的客人，此乃藉由開發獨特商品而成功的例子。

假使所開設的為布料店，則類似「代客修改衣服」的服務也具有像獨特商品般的意義。這時也必須以「只屬於你一個人的商品」為號召，且修改衣服的服務最好不要僅止於舊衣服，即使是新衣，只要顧客確實有需要，則也應提供免費服務，這是一種獲取顧客好感的方法。

譬如顧客找到了自己喜歡的顏色、質料及款式的上衣，但唯一不滿意之處是上衣沒有肩墊，這時店家就應該主動提出可為其代裝墊

肩，如此顧客必定會十分滿意的購買。

此外，店家也可以替顧客在洋裝的胸襟部位別上可愛的飾品，總之只要顧客喜歡，就應該儘量地給予免費服務。

店鋪的銷售絕不能採取強壓銷售的路線，而應該因應顧客瑣碎的需要，同時也必須提供顧客有關商品上的資訊，唯有誠意地為顧客著想，方能獲得廣大的認同和支持。

3. 開發獨特的禮品

最能表現零售店之特色的便是贈送顧客獨特禮品，尤其在未來的商場獨特禮品之需要有愈來愈大之傾向下，身為專門店經營者的人，更應特別努力構思和開發這類獨特的禮品，以吸引顧客前來購買。

店家贈送的禮品應能強調是「送的人」親自挑選的，亦即可令對方感受到送者之誠意與熱忱，因此禮品最好是手工製成，應避免隨處可見的現成品。

另外，禮品的式樣、實用性、外觀等都應花時間與智慧去構思，同時需考慮所贈禮品的適當與否。

目前雖有許多專門出售禮品的商品，但不能從這類店鋪買回禮品後便直接贈送顧客、禮品必須先予加工，以便能藉禮品表達出贈送者的感謝之情。

業者必須瞭解，贈送禮品其實是為顧客服務的一環。開發禮品時應注意以下事項：

· 應配合顧客購買商品的預算而準備。
· 送贈品時應有適當的禮貌，且需具備有關贈品的常識，以充分應付顧客的諮詢。
· 應以精美包裝提高贈品的價值感。

39

加強在賣場推薦商品的技巧

業績提升技巧

成功的銷售人員在賣場推銷商品時，當客戶接近後，要捉住難得的服務機會，有技巧的向客戶介紹商品、成交商品。

在賣場要推薦商品獲得客戶的喜歡，達到推銷成功，有二個重要步驟，第一步是「接近客戶的服務技巧」，第二步是「推薦商品的技巧」。

1. 接近顧客的服務技巧

在商品促銷過程中，服務員接近顧客，並向顧客問候，只是開展商品促銷的第一步。正因為如此，所以適當接近顧客，對於服務員來說就顯得尤為重要，因為如果搞得不好，就有可能做不成生意。

服務員接近顧客的成功秘訣，就在於看穿顧客的心理，開口和他們打招呼時要恰當而得體，做到不早不晚，不失偏頗。

據一些女性消費者反映，如今很多人逛街都只喜歡觀看商店的櫥窗，而不敢走進商店裏面仔細挑選，因為她們擔心服務員的過於「熱情」，會使自己的心理產生不安，甚至產生尷尬。

事實上，服務員接近顧客最忌諱的不外乎兩種情況：

第一種忌諱情況是顧客剛一進商店的時候，服務員就像貼身膏藥一樣跟隨顧客，不讓顧客有一點自由參觀、選購的機會，結果這種過於熱情的表現使顧客「受寵若驚」，希望趕緊離開這家商店，最終嚇跑了顧客。

第二種忌諱情況是服務員在顧客剛進商店的時候，就開始打量顧客的穿戴，以貌取人。當他們認為對方是一位比較有錢的消費者時，這才熱情接待；一旦他們認為對方沒有購買的意圖時，就愛理不理，冷若冰霜，或者乾脆任由顧客自己在商店內隨便溜達，也不上前與顧客打招呼。

對服務員來說，適時巧妙地接近顧客應抓住以下幾種機會：

(1)顧客匆匆走進商店的時候

如果顧客匆匆走進商店，就開始東張西望，仿佛在尋找什麼似的，這一定是顧客要購買什麼商品而正在尋找。這時，服務員應該主動接近顧客，並熱情地向顧客打招呼。

例如可以這樣問顧客：「請問你需要什麼東西？」或者「需要我幫忙嗎？」

如果顧客真的找不到自己需要購買的商品，見到服務員如此熱情，他一定會樂意回答，希望服務員能給他提供幫助。因此，抓住這類顧客的時機必須越快越好。

(2)顧客駐足觀看的時候

一般來說，當顧客看到有趣的東西，或者是他們打算購買的商品時，都會不知不覺地停下來仔細觀察。

在商店中我們常常可以發現這樣的情況：某一位女性顧客看到一個漂亮的提包，或是看到了一件粉紅色的大衣，停下來仔細打量，或者打開包來看看裏面的結構或大衣的料子，而且看得非常入迷。這

時，這位女性顧客的行為完全是一種潛意識的行為，表示她對這件商品發生了濃厚的興趣，並且打算購買。

富有經驗的服務員，應該隨時關注這位女性顧客的心理和動作，利用她駐足觀看的時機，巧妙地接近，向對方介紹商品的性能和特點，最終達成交易。

⑶顧客出神地觀察商品時

一般來說，顧客長時間觀看一件商品，並且看得出神時，這正是接近顧客的大好時機。

因為顧客如果對該商品不需要或者沒有任何興趣的話，他決不會出現這種態度。而這種態度也正好說明顧客對商品的品質、性能並不十分瞭解，需要服務員為他進行詳細的解說，這也就是說顧客此時正好需要服務員的幫助。

如果顧客的目光遊移不定、到處打量時，這時服務員還不應該接近顧客；只有當顧客仔細觀察一件商品時，才是接近顧客的最佳時機。

此外，有些顧客的觸覺向來非常靈敏，尤其是某些女性顧客更是如此。一旦他們走進商場，對某件商品產生興趣，並且有意購買時，就會仔細觀察商品，同時用手觸摸商品。這時候正是服務員上前和顧客打招呼，向他們介紹商品的最好時機。

⑷顧客和服務員的目光相遇時

有時候顧客和服務員的視線會偶然碰上，這時有些顧客也許會低下頭去，但是大多數服務員會微笑著和顧客打招呼，因為將目光移開的動作對顧客來說是非常不禮貌的。

遇到這種情況時，服務員應該借此機會立刻和顧客打招呼，而且態度要表現得非常真誠，同時臉上露出燦爛的微笑，向顧客表示歡迎。

當顧客對眾多商品加以比較時，或者是當顧客非常想買某件商品

卻又拿不定主意的時候，就會將幾種商品放在一起加以比較。這是顧客拿不定主意、心理矛盾的反映，這時服務員應該儘快接近顧客，向顧客介紹商品的性能特點，並適時推薦適合顧客需求的商品。

2.推薦商品的技巧

掌握「接近顧客」的機會後，下一步就是要推薦商品。

對服務員來說，顧客決定購買的時刻正是買賣成交的關鍵時期。這時服務員要從中周旋，向顧客推薦合適的商品，促使顧客作出購買決策。

例如，有一位顧客特意為母親買一件生日禮物，看中了一塊深紅色的地毯，但又覺得價格有些貴，正在猶豫不決的時候，站在一旁的服務員看在眼裏，笑眯眯地上前和這位顧客打招呼說：「先生，孝心無價！你母親的七十大壽，一生中只有一次，送上高級的禮品才不會後悔！」

服務員這幾句細心體貼的話，使這位顧客心中暖融融的，當即就決定購買自己看中的地毯，並非常感謝服務員的推薦。

服務員捕捉顧客決定購買的時機，有以下幾種情況：

- 顧客從不同的方面將所有的問題都問完了的時候，就是顧客決定購買的關鍵時刻。
- 當顧客處於買與不買的猶豫狀態時，服務員應該適時主動出擊，促使顧客做出購買決定。
- 幾位顧客對某件商品的看法一致時，說明顧客對於購買已經心無疑慮。
- 顧客重覆相同的提問、打聽的時候，就是顧客決定購買的表現。

由此可知，所謂的時機，並非見了顧客心動就向顧客推薦，而是要等到顧客對商品欣賞鑑定之後，考慮比較成熟的時候再加推薦；否

則，就會令顧客產生逆反心理，或者產生被喧賓奪主的感覺，而對服務員不加理睬，揚長而去。

此外，服務員的推薦一定要大方得體，而不能強行推薦。有一位服務員這樣來解釋自己接近顧客的經驗。他說：每當我看到顧客摸著商品愛不釋手的時候，就一邊整理周圍的商品，一邊走近顧客，不使顧客意識到自己在一點一點接近他。當我距離顧客 3 米左右的時候，然後裝作若無其事地和顧客打招呼說：「您看這件衣服的顏色不錯吧？」或者直截了當地告訴顧客商品的特點，抓住顧客的心理。通過這種方法，我獲得了很大的成功。

向顧客推薦商品時，除了行動要求自然得體之外，服務員還應該話語得當。

女性顧客由於具有豐富的想象力，通過商品可以產生各種各樣的遐想。她們往往會聯想到自己已經身曆其境，並且正陶醉在使用某種商品的樂趣中。如果不瞭解其中奧秘的服務員，此時突然問這位女性顧客：「請問你要那一種？」這種突然的詢問，無疑會大煞風景，使得欣然陶醉於夢幻中的女性，又被拉回到現實中來了。由於美夢已經破滅，這位女性顧客的失望是顯而易見，她有可能會惱怒、不滿，乃至遺憾而走，這樣的損失是令人嘆息的。

如果換成一位比較瞭解女性顧客心理的服務員，則一定會使用那些可以助長女性顧客發揮其聯想的話題進行促銷。例如：

· 這衣服的顏色有一種說不出的和諧！

· 這件衣服的設計實在是太美了！

使用諸如此類讚美的話，向顧客進行推薦，就一定會收到迥然不同的效果，使對方欣然接受服務員推薦的商品，滿意購貨。

40

強化商品陳列，吸引年輕顧客光顧

 業 績 提 升 技 巧

　　強化商品陳列，可促使新顧客、已不再光顧的年輕顧客又重新光臨。

　　天氣對於商品陳列的影響非常大，因為即使再好的產品，若與季節所需不同，必然就會滯銷。所以每逢換季期間，很多大小百貨商品總要削價促銷，讓消費大眾撿個便宜貨，否則便只有閒置倉庫了。

　　有些業者常常深為季節所苦，譬如專門販賣冷氣機的商人，若是天氣不夠炎熱，以致銷售無門，難免憂心重重，期望氣溫趕快上升，才有助於營業額的爬升。至於火鍋餐廳卻適得其反，假如天氣不算嚴寒，圍爐大吃火鍋的興致必然相對減低，因此店裏的生意也就門可羅雀。可見各行各業的經營成績，必與天氣、時令密不可分，以下便列舉幾種配合季節性的促銷方式。

　　通常氣溫的變化總會大大地改變季節性商品的銷售狀況，然而就長期的觀點來看，首先應該知道地區性溫度變化情形，譬如冬天最寒冷的時段為何？氣溫幾度？夏季最為酷熱的氣溫多少？當在何時？另外對於當地的降雨和陰晴狀況，也要深入的剖析，全盤瞭解天氣的長期概況。

臺灣中、南部地區氣候溫和，天氣也較穩定，終年少見霜雪，因此禦寒之類的產品較不暢銷，反觀北部地方則因夏、冬溫差甚大，冬季氣溫經常在 15℃上下，所以一些禦寒的衣物則較為暢銷。

至於日本，由於四季分明，溫差懸殊，因此商品的銷售情況，便與季節的轉變休戚相關，譬如本州東北部一帶，兒童夾克的暢銷旺季約在氣溫 15℃以下時，才會正式展開，而店老闆終日的愁眉總算可以舒展一下了。至於涼被業者，無不引頸期盼氣溫變化不會太低，因為如果天氣太冷，勢必無法賣出更多的涼被，這種焦急的心態，正與夾克業者大異其趣。

日本各地林立的啤酒屋業者，也有靠天吃飯的一面。天氣越熱，生意也就越好，而到了嚴寒節令，門庭也將跟著冷清下來。還有冰淇淋店、火鍋店、烤肉店等，經營之道在於配合季節，若是時令不符，則食客稀疏的情景到處可見，反觀開業旺季時，卻又忙得透不過氣來。這些業者無不根據經年累月的營業心得，隨時留意淡、旺季的變化，不過歸根究底來說，如何應付天氣的變化仍是相當重要的。

如果業者不瞭解消費者的潛在需要，也沒有根據天氣的變化改變商品的陳列，則將喪失適時促銷的良機。

服飾公司的商品該是顯示季節性商品最敏感的行業之一。譬如初春來臨之前，專櫃裏的襯衫應將鈕扣打開，微微露出領口，表示天氣即將轉變，春天的腳步也快近了，而時髦的春裝也等著大家來選購。

某些食品超級市場，也會在換季時進行一番必要的改變，譬如商品展示櫃裏，可因氣溫變化放置合時宜的食品。

還有一些咖啡館和餐廳，也會根據天氣的變化，隨時提供溫度合適的飲料，甚至在裝潢和服務生的制服上，亦能費心加以變革。日本一家啤酒店，為了做到啤酒溫度的調適，在店內設置一台可顯示資料

的電子 POP，以便告知現在的啤酒溫度。此外，奧地利由於天氣較寒，啤酒屋內也會設置一池熱水，客人可將裝滿啤酒的杯子放於其中，溫熱杯中的啤酒。由此看出，只要業者細心經營店鋪，皆能使顧客有賓至如歸之感。

因此，促銷策略是否成功，不一定會因溫度變化而有影響，應根據地區性的天氣情況，好好加以利用發揮，才是上上之策。

商店業者每逢雨季就望天興歎，因為下雨天大家不喜歡出門，很多生意都會受到影響，以致蒙受嚴重的損失。然而日本卻有一家鞋店，非但不受雨天的影響，反而生意一片興隆，毫不遜於晴天的業績，原因在於該店實施了無往不利的「雨天對策」。以下就是幾種常見的方法。

1. 雨天攻勢不減

日本一家位於鬧區的餐廳，常因雨季而使得顧客銳減，亦即造成門可羅雀的冷清氣氛，業者痛定思痛之餘，決心加以改革，於是構想出一種招待顧客的方式。只要雨天來臨，老闆就會親自坐陣店中，殷勤款待每一位冒雨上門的客人，由於服務非常週到，深受好評，而該店的業績也能扶搖直上，與晴天的銷售額併駕齊驅，成功地做好雨季的促銷攻勢，而且攻勢凌厲。

2. 雨天商品應搭配展示

即使是下雨天，店鋪內的佈置和場地也要保持舒適、乾爽的感覺，譬如在雨具的專賣店內，不妨設置一個清新、雅致的空間，陳列各種美觀實用的商品，同時把五彩賓紛的雨衣、雨帽、雨傘和雨鞋等，適當地搭配成組，不僅可使店面充滿生氣，也能吸引顧客的注意。

3. 驟雨時應銷售雨傘

夏季經常在午後突來一場傾盆大雨，令人來不及防範，類似這種

突如其來的陣雨,很多店鋪都以移動式的展示架一字排開,推出各式各樣的花雨傘,有時每下一陣大雨,都會立刻暢銷,業績迅速上揚。

4. 利用雨季做售後服務

有些店鋪為了應付因雨季而來的清淡生意,便改做售後服務,這種積極、有效的促銷方式,可以爭取顧客的好感,建立店鋪的形象。

5. 雨季的折扣促銷戰術

另外還有一種徹底可行的辦法就是在雨天時,進行打折促銷的方式,因為在折扣的利誘下,很多消費者還是會冒雨出門逛街,搶購所需的物品。而且這種方式若能固定下來,即使雨季生意也不會受到影響。

6. 店鋪要保持乾爽

相信大家在雨天逛街時,最討厭的就是泥濘不堪的路面以及室內的一股濕氣。有鑑於此,店鋪之內的裝潢和場地尤其需要特別的維護,譬如在店鋪外設置安插雨傘的鐵架,同時調整室內的冷氣機,減少濕氣等。此外,展示櫃的玻璃若有污漬,也要隨時拭淨,保持清爽和乾淨。總之,必須要比平常更加認真地整理店鋪內外環境,才能吸引顧客上門,不致因雨而受到影響。

以上都是常見的雨天促銷策略,只要運用得當,不難找出可行的方式。對於天氣的變化所提供的商業戰略,有賴權宜的處理,例如日本一家時裝店,總在春天來臨時播黃鶯的啼聲,透過廣播傳到店鋪內外,同時還在專櫃中擺設春天的小花和野草等,引人進入初春的遐思,十分賞心悅目,頗受大眾的喜愛。

商品的季節性與促銷方式非常重要,只有善加利用,才能喚起消費者的消費意識,締造更好的業績。

競爭激烈的商圈與地方性的小商圈中,有許多店鋪都有固定顧客

愈來愈少的傾向，尤其是一些消耗品類的專門店，其年輕顧客，特別是女性顧客的減少，往往會直接影響到銷售額。因此，如何挽回年輕顧客，便是這類店鋪當前最重要的課題。

「Ｎ鞋店」是店鋪面積十五坪，年平均營業額達四千萬元的一家店，最近該店為過去的主要顧客18～24歲的年輕人前往光顧的比率突然急速減少而大傷腦筋。

Ｎ鞋店所在地的Ｘ城市，居民人數約二萬人。鞋店店查閱了該村工商會的調查資料後驚訝地發現，原來購買鞋子的顧客竟有80%以上都流出至Ｘ市以外的地方。這表示該市的年輕人幾乎都在Ｘ市以外的店鋪購買，而位於此城市中的幾家鞋店不過是在互相競爭剩餘的顧客而已，這就難怪銷售額遲遲無法增加，且反而有每況愈下的趨勢了。於是Ｎ鞋店便檢討過去的經營方式，最後為使商圈內的年輕顧客再度光臨，便採用了使用郵寄廣告方式的新戰略，期藉以扳回劣勢。

由於Ｎ鞋店過去並不重視顧客名單，所以收錄的名冊僅有四百名左右的客人。於是這家店就以半年後要擁有一千名顧客為目標，展開了「每月爭取二百名顧客」的活動。半年後，Ｎ鞋店終於擁有收錄了一千多名顧客名單的冊簿，因而便順利地展開了郵寄廣告戰。

首先為了出清夏季商品，實施了「酬賓大減價」活動，結果許多最近幾乎都已不再光顧的年輕顧客又重新光臨，同時也有許多新顧客上門。

此外，該店也繼續執行對年輕顧客極富吸引力的促銷計畫，成功地使許多舊顧客恢復光顧。

總而言之，如果想招來年輕客人，就絕不能坐著空等待，唯有積極主動地採取策略方能奏效。

想招來年輕顧客，則在商品方面，除了主力商品之外，還需準備

一些相關商品。這種作法往往能吸引年輕顧客，效果十分良好。

採取這種方法時，最重要的是應利用一些能襯托主力商品的相關商品，且需注意相關商品無論如何只能居於配角地位，絕不可為提高銷售額而將重心置於相關商品上，因為這是非常不明智的作法。

增列相關商品的項目時，應注意以下幾點：

1. 選擇毛利率高的商品。

2. 應控制在總庫存量的 10%～20%以內。

3. 應選擇能吸引顧客的商品。

4. 應為話題性的商品。

5. 考慮商品的生命週期是在引進期或成長期。

6. 不能僅作為展示，而應視為正式的商品。

「M 鐘錶店」位於 A 市，這家店的年輕客人非常之少，前往光顧的幾乎都是中老年人，但這並不表示此商圈內沒有年輕顧客。後來這家店由於在準備商品方面打破了過去的既有觀念，故也成功地吸引了大量的年輕顧客。

該店過去曾讓店員參加包裝技術的講習會，以便當客人要將所購之商品當作禮物送人時，店員能做出令顧客滿意的精美包裝。因此該店店員的包裝技術極佳，並普遍獲顧客的讚美，有時甚至連商圈外的客人也會專程前往該店，請求店員作特殊的包裝。於是，「M 鐘錶店」的店主便想到發揮自家店的「長處」。

該店的面積約有三十坪，但就僅出售鐘錶寶石而言，這樣的場地稍嫌太大，所以店主便在店前的階梯下闢出五坪左右的空間，作為包裝禮品的專櫃。

禮品約有一百三十種，此外還陳列著包裝所需要的各種式樣、五彩賓紛的絲帶、包裝盒、包裝紙等，使整個專櫃顯得亮麗活潑，一改

以往店面僵硬死板的形象，因此也吸引了不少年輕顧客前往光顧。

此外，店員還免費教授客人自己在講習會上學來的包裝技術，為了現場教學，該店也準備了一些桌子和椅子。如果顧客購買該店的商品，則該店就免費提供客人喜歡的絲帶、包裝紙，並且作最好的包裝服務。

結果透過客人們的義務宣傳，該店的業績大為提高。這是將長處利用於固有的基楚上，而產生相乘效果的最佳期範例，頗值得效法。

許多客人將並非於該店所購買的，而是在別處購買的商品拿到該店去請求包裝，也有一些客人是自備包裝材料前往該店請教店員包裝的方法。結果這家店的銷售成績若以數字來表示，則其毛利率高達45%，而每名顧客的平均購買單價則為 800 元。

自從實施新的經營方式以後，年輕顧客便經常大批光顧，使這家店變得朝氣逢勃。而最重要的是店員們由於可發揮自己的專長，乃至於教導顧客手藝，除了可獲得成就感之外，也產生了高度的工作意願。

當然，作為本業的鐘錶和寶石等飾品也從過去的滯銷狀況一改為暢銷，成長率比前一年提升了 25%左右，該店的業績亦因而呈現一片蒸蒸日上的情景。

歸納該店成功的因素，約有以下數項：

1.瞭解自己店鋪的長處並加以發揮。

2.為招攬年輕顧客而將相關商品作為正式商品出售。

3.以指導顧客包裝技術的方式，加強與顧客之間的人際關係，從而使顧客固定化，並使店員產生高度的工作意願，相對提高工作績效。

4.將樓梯下的一小部份空間利用作為招來顧客的場地。

表 40-1　賣場商品陳列方向

迎合顧客對於商品的選購重點	商品標牌多半一面呈現商品名稱與商標圖案，另一面則登錄注意事項和成分計量。例如，服裝店中的毛料服飾，對於標牌的展示要明顯。總之，要以顧客感覺具吸引力的方向進行展示，這是陳列方向的重要所在
以寬大面示人	為了凸顯商品量感，也有必要考慮向那個方向展示，才能讓商品群看起來容量大。若是漫無章法地堆放商品，儘管陳列量大，也無法給人商品豐富的印象。採用寬大的商品面向，利用內襯來陳列，才是具有量感的陳列法
以配色漂亮面示人	商品可以利用漂亮的配色，給顧客排場壯觀、商品豐富的印象
便於陳列	採取何種方向陳列最具穩定感，這個問題也應重點考慮。要在補貨時最省事、最安全、最容易，這才是最佳的方向

心得欄

_____

_____

_____

_____

_____

_____

表 40-2　店鋪陳列考核表

評核人：　　　被評核人：　　　評核時間：　　　店長確認：			
考核內容		評分標準	分值	得分
陳列形象	賣場整齊度(23)	掛裝	掛件數以及尺碼要求按照陳列標準執行（全場檢查），套穿需為統一尺碼（基本款內穿可稍小一個尺碼），排列整齊均勻	9	
		疊裝	在正常情況下，疊裝的整齊度需同一平面上統一，數量、尺碼需按照陳列標準執行（以抽查十棟疊裝為檢查尺碼的標準）	9	
		道具	道具是否擺放在同一水平線上，是否對齊，道具上放置的宣傳品等是否符合要求	5	
	賣場衛生(28)	地面	地面無灰塵、紙屑、毛絮、汙跡、口香糖等髒汙	6	
		道具	各類道具（包括收銀台、試衣鏡等）裏外上下不得有灰塵、粘膠痕跡	6	
		櫥窗	櫥窗玻璃衛生需達到日常衛生要求，公仔整體衛生（頂、手、腳等細節部位），各類氣氛道具不得有灰塵、髒汙等	5	
		天花板及牆面	天花板衛生不得有蜘蛛網，燈架及各類燈具不得有灰塵、蠅蟲等汙物，牆面不得有髒汙、手腳印、粘膠痕跡等，牆體鏡面需清潔、無髒汙	5	
		死角	店鋪死角如牆角拐角、樓梯縫隙、展台下、試衣凳下、試衣鏡下、邊場架底部等處不得有灰塵、髒汙；試衣間衛生是否符合標準	6	
	賣場形象(37)	主題	店鋪陳列應符合當季主題，對於各種氣氛道具及賣場表現應貼切到位	4	
		顏色	對於邊場色彩出樣須符合當季陳列要求，顏色應適當、醒目、具有表現力；中場出樣色彩須與邊場有關聯（相似或相對），須醒目突出，展示出樣色彩須能夠充分體現當季流行，並且具有表現力	5	
		搭配及賣點體現	邊場出樣或推廣搭配出樣須有成套搭配性，關係貼切，並能利用不同陳列手法體現不同賣點，適當應用配飾作為搭配輔助；賣場內配件的陳列是否與其所在地有所搭配	6	

續表

評核人：		被評核人：	評核時間：	店長確認：		
考核內容			評分標準		分值	得分
陳列形象	賣場形象(37)	宣傳品	宣傳品的使用及粘貼須正確平整，對於未使用、使用中、使用後的宣傳品處理得當		5	
		櫥窗及展示區	櫥窗及展示區內的形象展示符合當季主題及要求，各類氣氛道具乾淨整潔正確，擺放適合到位；公仔整體著裝搭配能夠體現當季流行，色彩和諧突出，擺放適當，配件合理		6	
		導購形象	妝容：化妝髮型須統一並符合要求；著裝須統一、整齊、乾淨		5	
		燈光音量溫度	燈光基本原則須照射在恰當位置，邊場燈光照射在正掛以及邊場海報/半身公仔，(在個別較暗區域側掛也須有燈光)，展示區公仔燈光照射(須照射在有賣點位置)		6	
			音量大小以在店鋪任何角度都能聽到為準；音樂節奏，早上迎賓(開始營業至早十點)中快速，中午(早十一點至晚七點)快速、節奏強，晚送賓(晚七點至晚九點)中速、(晚九點至結束營業)慢速；週末(開始營業至晚七點)快速，晚送賓(晚七點至晚九點)中速、(晚九點至結束營業)慢速			
			溫度應在正常條件下維持在22℃			
陳列能力	操作能力(12)	操作	對於店鋪陳列各方面的實際操作能力		4	
		推廣	推廣款式是否為店鋪的主推款式，推廣方式是否恰當，是否使用適當搭配進行組合推廣，價位及活動表現是否得當		5	
		指導	對於店鋪同事的陳列方面的指導(對於當季主題等相關內容的傳遞，對於陳列知識以及陳列標準的傳遞，對於陳列出樣及維護的指導)		3	
評分標準：						
每項得分根據完成情況符合的程度的0%、20%、40%、60%、80%、100%計分						
考核分數滿分100分；及格分80分						
任意單項等分低於40%，該次考核記為不合格						

41

店鋪招牌可創造出商店個性

業績提升技巧

店鋪招牌可營造商店個性，拉近與顧客之間的距離，並藉此提升商店業績。

1. 戶外招牌可吸引顧客

隨著店鋪經營的多樣化和個性化的趨向，店鋪經營者越來越重視建立自己的店鋪形象。至於提高店鋪知名度的方法，其中之一就是在路邊設置大型的廣告看板，或是豎立閃亮的霓虹燈招牌，吸引大家的注意。

製作戶外的招牌，最好事先能與附近的商店、道路等景觀配合一致，以免設置不當，干擾道路駕駛人的行車安全，造成意外事故。基於種種顧慮，戶外招生的設置，不宜過份鋪陳，只要達到目標醒目即可。

以美國都市郊外的廣告看板為例，格外注意駕駛人的行車安全，每於十字路口或停車場出入口處，幾乎都會豎立大型的指示牌，高度約達十五公尺，隨時提醒駕駛人前面有那些特殊路況和商店。

其實這些大型的指示牌，都是購物中心、平價商店、超級市場等店鋪細心設計而成，看板的畫面大同小異，形成規格化的型式。

有些店鋪善於利用道具來做廣告，譬如某家海灣餐廳，在其木制的建築物屋頂上，安裝了一艘真實的帆船竟與週遭的景觀非常調和，毫無唐突之感，甚受消費者的好評。

還有一家專營自行車的老店，特意將一輛有古董身價的腳踏車，吊掛在店鋪外的牆壁上，供來往的路人圍觀，成為饒富趣味的戶外招牌。總而言之，戶外招牌不必要求整齊、劃一，而應盡量建立個性化的形象，至於上面所說的實例，不外乎強調店鋪業者必須善有巧思，設置風格獨特的店鋪形象。

除了到處可見的戶外招牌之外，很多店鋪也會懸掛該店的旗幟，名為店旗，換句話說，只要在店鋪外面或高處加掛整齊的旗幟，使之迎風飄動，也是很好的廣告方式之一，因為一片鮮明的旗海，容易使人留下極為深刻的印象，有時還可將店旗與國旗配合插掛，做為該店忠誠愛國、誠實信用的象徵，容易爭取顧客的好感，不失為一種頗具創意的戶外廣告方式。

2.如何使店鋪標誌更加醒目

如果想要吸引更多顧客的注意，應把店鋪標誌設在建築物的屋頂上或是掛在外牆上，可使來往的行人一目了然，留下深刻的印象。

長久以來，歐美各國都以大型的標誌作為店鋪的象徵，日本則對垂簾式的看板有所偏好，商業街上到處可見。據說中世紀的歐洲在印刷術尚未發達之前，各國文盲的比率偏高，於是習慣採用標誌或圖畫，提供顧客視覺上的暗示，因此店鋪的象徵皆以圖案式為主。

這種傳統持續至今，很多歐美式的餐廳、速食店或購物中心，仍以店鋪外面的大型道具，作為說明店鋪經營內容的方式，且收效頗大。

此外，美國各地還有不少的店鋪，利用「壁畫式的標誌」來建立店鋪形象，格外引人注目。這些壁畫的題材種類非常之多，從商業性

的廣告到藝術性的看板皆包含其中,而且不乏大師級的經典之作,路人可以一邊觀賞壁畫,一邊留意店鋪名稱,很快就留下難忘的印象。再則利用壁畫來佈置店鋪,也是經濟實惠的妙方之一。譬如在完全密不透風的牆壁上,畫上明亮、自然的視窗,遠看以假為真,近觀就會使人會心一笑,佩服壁畫畫家們的神來之筆,當然吸引了顧客讚賞的目光。

類似這種壁畫的設計,還可以在行道樹較少的路上,於購物街或停車場的外側牆壁上面,畫些與實物甚為接近的樹木、小島、花草等,使得整條街道充滿綠意盎然,街容亦能煥然一新。

三藩市郊外的奧克蘭城內,有加州大學柏克萊校區(UCB)的所在地。該校南門前端,為有名的電報街(Telegraph Street),其實這條街道只不過是學生購物地帶,然而街上兩旁的商店外牆,卻有很多壁畫和商店標誌,吸引路人的注意,其中最顯眼的是一家牆上畫滿壁畫、不見該店招牌的墨西哥餐廳。

在這座餐廳長達十五公尺的餐廳外牆上,畫滿墨西哥風俗的壁畫,大大提高了視覺上的享受,雖然該店並未設置其他的招牌或看板,但壁畫本身早已成為該店標誌,成為附近最有名的「壁畫餐廳」。

總而言之,建立店鋪獨有的形象,可是增設顯眼的戶外招牌,不僅能夠提供顧客視覺上的享受,也能改善街容景觀,進而達到廣告宣傳的目的。

3. 有招客能力的店鋪招牌

以美國為例,很多購物中心、食品店或漢堡店,為了強調店鋪的個性,無不處心積慮建立獨特的形象,譬如在店鋪入口處設置大型的人物或動物塑像,同時播放輕鬆、愉悅的廣告音樂,以製造歡樂的氣氛,這些巧妙的店面設計,極容易獲得顧客的喜愛。

華盛頓以北七十公里處的巴爾的摩市，人口約有八十萬，此地有一家名叫「港區」的購物中心，乃是利用港口倉庫改建而成，開幕以來，頗受當地消費者的歡迎。

該店設於港口附近，店前陳列著一艘古老的帆船，成為這家購物中心的獨特商標，由於設計頗富匠意，顧客亦可自由上船參觀，自然而然成為該店招攬顧客時，最有力的促銷武器。

洛杉磯一家「莫耳古城」專門出售二十世紀初期的商品，頗具獨特的復古式格調。該店針對顧客的需要，於入口處擺設一輛陳舊的電車，作為店鋪的標誌，給人留下深刻的印象，至於店鋪內的陳設，也巧意加以佈置，譬如安置旋轉木馬之類，招來不少顧客前來觀看。

歸納以上所言，我們可以知道，美國有不少的店鋪標誌，往往喜歡利用大型的道具，刻意製作該店的象徵，以建立獨具一格的店鋪個性，藉此也能拉近與顧客的距離，給人留下深刻的印象。

4.以專賣店的標誌來創造個性

並非僅在美國的購物中心才有個性化的店鋪，鄰近的日本，也有許多頗具風格的店鋪設計，相當引人側目。

日本品川區的「T 茶葉、海苔店」，乃於店前設置一具偶像，深受當地民眾的注意。這具偶像高約一公尺，造型與該店的老闆一模一樣，所謂造型相同，並非依靠人物的真實面貌加以塑造，而是做成一個漫畫般的人像，放在店前和藹可親地與路人打招呼，成為有趣的廣告道具，發揮了宣傳的功效。

由於 T 店的自我促銷方式，非常成功，店名立刻不脛而走，附近大街小巷的民眾，人人皆知。透過這種提高知名度的宣傳攻勢，該店當然建立了獨特的店鋪形象，而使店名牢牢地留在顧客的腦海中。

此外，利用某些廢棄的物品做成道具，也是生意人的噱頭之一。

日本國鐵會將不能使用的貨車拍賣給民間業者，結果促成許多店鋪建立了獨特的形象設計。譬如有一家啤酒屋業者，利用購得的舊貨車加以改裝，使其搖身一變，變為外觀顯眼、內部豪華的車廂啤酒屋，引來不少好奇的顧客前往捧場，而使店鋪一夕成名，經常高朋滿座，生意興隆。類似這種獨具一格的店鋪形象，只要業者多動腦筋，就不難出奇制勝，招攬更多的顧客。

42

塑造歡樂效果的賣場促銷

 業 績 提 升 技 巧

快餐連鎖業雄霸世界的麥當勞，人們都熟知麥當勞的名字，其經營技巧 多，成功的關鍵之處，在於持續營造出歡樂效果的賣場促銷活動。

麥當勞快餐連鎖店現已遍布世界各地，在世界每個角落，人們幾乎都熟知麥當勞的名字，它不僅已有 20000 多個連鎖店，並且正以每 13.5 小時增加一個分店的速度，佔領世界快餐市場。

人們都不禁迷惑：麥當勞雄霸世界、在世界刮起龍捲風的真諦是什麼？回答不一而足，有說組織擴展手段的獨到，有的說是商品質量有保證。然而，真正主要的原因也許是溫情。

麥當勞快餐連鎖店成功地贏得全世界孩子的喜愛，其秘訣不僅是

漢堡包或炸薯條，更重要的是靠那門前端坐，滑稽可愛的麥當勞叔叔。有無數的孩子湧向麥當勞的原因是尋找麥當勞叔叔的。

在孩子們的心目中，這裏不僅僅是吃飯的地方，而且還是充滿了無限溫情的娛樂場所，不僅在這裏能吃到滿意可口的食品，而且在這裏還能玩到許多妙不可言的玩具。在節假日裏，麥當勞連鎖店還會為孩子們準備好各種各樣的小禮品；生日裏，麥當勞會給你獻上快樂的祝福與和藹可親的麥當勞叔叔。

麥當勞帶給孩子們無微不至的關懷、照顧和無限的歡樂。這一切，常常是事務繁多的父母很少或很難給他們的，麥當勞成為孩子們心目中的另一個家，一個有食物，有遊戲，還有風趣、寬厚的麥當勞叔叔的特殊的家。

有人曾生動地表述道：「只要我看見路旁的『M』標記，就開始分泌胃液了。」

黃色的「M」標記像影子一樣遍布世界的每一個角落，到處有「M」標記。無論年齡、性別、種族、膚色，麥當勞成為擋不住的誘惑，在世界上，幾乎每天都有 3000 萬人像潮水一樣湧進麥當勞快餐店。

「M」是連鎖店創始人名字的第一個字母，1962 年被採用來作成金色拱門當了麥當勞快餐店的標記，從此之後，「M」就具有了特殊的意義而把溫情帶給快餐店的消費者。

最初麥當勞的廣告主題，所表現的是產品和引用高科技，自動化的生產流程等，但好景不長，這種廣告很快便被人們漠視。公司通過調查分析，終於發現僅靠機械化快節奏，以節省用餐時間，是無法永遠吸引顧客的，溫情的傳送，家庭氣氛的釀造才是顧客永恒的需求。為此，麥當勞公司隨之調整布署了廣告戰略：

在晚霞漫天之際，爸爸媽媽帶上可愛的兒女，踏著輕快樂曲，步

入麥當勞的拱門，服務人員熱情周到地為之服務，一家子坐在帶有金黃，桔紅及紅色交織的餐廳裏，愉快地享受著可口的食品和一天裏最美好的時光……

這便是麥當勞的典範廣告，著力地渲染，「麥當勞，你可以享受到最美好的時光、最美味的食品。」

由於廣告宣傳成功自然地把「M」與家庭聯結在一起，人們一看到「M」的標誌，自然而然的想到電視廣告中溫馨的畫面，有人是這樣說的：「看到『M』標誌，就像久別家鄉的人看到了故鄉的標誌，走進金色的拱門，就像走進久違的家門。」

現代社會中，生活節奏的加快，使人們迫切地渴望悠閑和輕鬆。麥當勞的天才廣告設計家雷哈德將麥當勞塑造成為讓人感到輕鬆並能消除緊張和疲勞的理想場所。

麥當勞在工作中驚喜地發現，一個顧客很難分別每客漢堡的好壞，所以他決定放棄用漢堡的好味道來大力宣傳，而是用麥當勞帶給人休息和輕鬆為追求的主題，把麥當勞機械化冷冰冰的形象換成暖洋洋的，極具人情味的形象。

通過反覆的研討揣摩，他終於找到了滿意的廣告詞：「請進麥當勞歇一會兒吧！」一句話，給人以體貼和愛護，給人以溫暖和慰藉。

43

善用櫥窗設計加以促銷

業 績 提 升 技 巧

　　櫥窗設計可以引起客戶注意，提升商品質量感，引導消費，美化商店，刺激客戶的購買欲，故要注意櫥窗陳列對象、陳列主題、動態設計、燈光照明。

　　櫥窗是商店的對外窗口，又是商店商品經營的演示台，它集中了商場中最敏感的商品信息。如果能夠充分利用好櫥窗的展示作用，對於現場展示促銷活動就會產生極好的效果。

　　在現實中許多商場都忽視了櫥窗的作用，它們或者將櫥窗認為是可有可無的地方，或者是不知道如何利用櫥窗展示功能，或者是在設計櫥窗時觀念陳舊，體現不出藝術美，達不到展示促銷的效果。

1. 櫥窗設計的功能

　　櫥窗具有以下的幾方面的作用：

　　⑴引起行人的注意。一個設計新穎、構思獨特、獨具匠心的櫥窗設計，會很容易引起行人的注意，成為商場很好的宣傳媒介。當人們路過商場的時候，就會仔細打量一下，在腦海中留下一定的印象，從而起到一種廣告宣傳的作用。

　　⑵展示商品。商場可以將促銷商品、或者是最新的商品、或者是

獨具特色的商品擺放在櫥窗中，向人們展示商品的性能、價格，吸引人們的注意。

(3)刺激顧客的購買慾望。櫥窗展示不僅可以讓人們知道商品的性能、價格等有關情況，有時候還能說服潛在消費者走進商場，進行參觀，有的甚至會有當即購買、立竿見影的促銷作用。

2. 櫥窗設計的注意重點

由於櫥窗有以上多方面的作用，因此在舉行現場展示促銷活動時，主辦者應當充分利用好櫥窗的宣傳展示功能，設計出能夠吸引消費者的櫥窗。這時，需要注意以下問題：

(1)選定陳列的對象。對於商店來說，現場展示促銷商品可能不是一種，這時就需要有重點地選擇適合陳列的促銷商品，最大限度地發揮櫥窗對消費者的吸引力。例如商場進行促銷的主打商品、貨源充沛的商品、商場積壓嚴重的商品、服務和消費趨勢的流行時尚商品，都可以是重點陳列的對象。

(2)確定陳列的主題。在進行櫥窗設計時，需要巧妙地確立陳列的主題，利用各種陳列方法和手段，例如對稱均衡、重覆均衡、大小對比、虛實對比的方法，勾勒出層次分明、均勻和諧、錯落有致的商品陳列。

(3)燈光照明強弱適宜。櫥窗的燈光應照在重點商品上，燈光與商品、櫥窗的色彩應該相和諧，燈光的強度要依據白天和黑夜、所陳列商品的色彩來確定，既要有足夠的亮度，又不能過於刺眼。

(4)適當運用動態設計。現在非常流行的 POP 燈光廣告，可以用於櫥窗設計中，以動態的手法來刺激人們的視覺神經，將顧客的視線引向櫥窗。在採用 POP 燈光廣告時，可以用畫面變換的方法、旋轉運動的方法、閃亮發光的方法來製造動感，吸引人們的注意力。

3.商品陳列方面的要求

商品陳列是現場展示促銷活動的重要宣傳手段,通過商品陳列可以向廣大消費者傳達商品信息,引導消費者參觀、選購商品。成功的商品陳列,對於現場展示促銷來說具有意想不到的功用,例如:

⑴引導消費,擴大銷售。通過商品陳列,可以及時有效地向消費者宣傳、介紹促銷商品,加深消費者對促銷商品的印象,培養新的消費需求和消費觀念,由此引導消費者,提高和擴大商品的銷售額與銷售利潤。

⑵提高促銷效率。整齊美觀、豐富多彩的商品陳列不僅使顧客享受到了美感,而且可以通過不同的商品價格進行比較,從而大大減輕服務員的工作壓力,提高為顧客服務的效率。

⑶美化店容店貌。商品陳列並不是一種簡單的商品擺設,而是一種具有藝術感染力和想象力的複雜工作。成功巧妙的商品擺設,不僅可以給促銷商品增添美感,還可以美化店容店貌,體現促銷現場整體設計效果,反映銷售商的整體經營水準。

在陳列促銷商品時,具體要做到以下幾方面的要求:

⑴方便易選。促銷商品盡可能放在讓顧客伸手可及的地方,而不要放到比較偏僻、顧客不容易拿到的地方。

⑵豐富充實。促銷商品陳列既不能堆積如山,也不能空蕩無物,而是要體現出豐富充實的感覺,讓顧客產生購買的慾望。

⑶醒目易看。這一要求與方便易選相同,就是要使顧客易於辨認,醒目美觀。例如要明碼標價,擺放位置合理,讓顧客的目光能夠看到,必要的時候還可以附加文字說明,讓顧客對商品有一個更加深入的瞭解。

⑷簡潔美觀,富有藝術性。促銷商品的陳列還應該以簡潔的形式

和新穎的格調、和諧的色彩搭配來突出商品形象，體現促銷商品陳列的藝術性，給顧客留下深刻的印象，讓他們產生購買的衝動。

(5)廣告宣傳作用。商品的陳列具有直接促銷的特徵，所以經營者必須深入研究，儘量與顧客消費心理相結合，設計出最能吸引顧客的商品陳列方案，起到廣告宣傳的效果。

(6)符合顧客消費心理。不同顧客在購物時會有不同的心理，但是幾乎所有的顧客都對商家不友好的態度會非常反感。因此，在促銷商品陳列時，「偷一罰十」、「不買勿摸」等具有警告性的提示牌，最好不要出現在商品旁邊，這樣會使那些打算購買的顧客產生反感心理，從而失去顧客。

4. 商品展示促銷的新方式

根據專家對研究發現，賣場用於商品促銷的最經常使用、最有效及最新商品的展示方式，主要有以下幾種：

(1)牆上海報展示

牆上海報主要張貼在零售商場的商品促銷現場，根據海報設計、製作的目的不同，以及表現形態的差異，這類海報又可以分為以下幾種情況：

- 引導性海報：主要用來指導顧客，說明促銷商品所在的位置，方便顧客選購商品。
- 說明性海報：主要用來說明促銷商品的功能、特徵和價格，突出和競爭商品的不同之處，吸引顧客購買。
- 裝飾性海報：這是零售商場為了塑造整體氣氛，利用海報來裝飾銷售現場，烘托出一種人氣高漲的環境，吸引潛在顧客。

牆上海報的製作簡單，費用不高，對於所有的零售企業來說，都是一種可以優先考慮的商品展示方式。

(2)貨架兩端展示

這種商品展示方式主要是利用陳列貨架兩端靠近人行通道，容易引起人們的注意力來展示商品。

在貨架兩端陳列、展示商品，並不是說貨架的所有部位都適合商品展示，而是要在最容易吸引人們目光的部位陳列和展示商品。

根據人體工學的研究結果可知，位於貨架 80cm～130cm 部位的商品最容易引起人們的注意力；其次是位於貨架 40cm～80cm 的部位和 130cm～170cm 的部位；最不容易引起人們注意力的部位是貨架的頂端和貨架的底部，因此這兩個部位一般用於存放備用商品，或者陳列、展示體積較大的商品。

(3)落地式展示

這種商品陳列方式是隨地陳列，不受體積大小的限制，有時候還可以設計成不同的形狀，例如比薩斜塔式、圓柱式、圓錐體、立方體等等，容易吸引人們的注意力，擴大和顧客的接觸面，提高銷售水準。

但是，這種陳列方式會占用較大的空間，這對於寸土寸金的零售商場來說，顯然要仔細籌劃。沒有經過規劃的落地式商品陳列，不僅會浪費空間，同時還會有礙觀瞻，不利於整體銷售。

(4)貨架布置物展示

就是在促銷商品的展示貨架上，做一些特殊的布置物，例如標明商品的促銷價格、詳細說明促銷商品的性能和特點，用這些帶有提示性的布置物來提醒消費者，刺激他們的購買慾望，增加銷售額。

(5)空中懸挂式展示

就是充分利用高空的優勢，將促銷商品的實物或模型，或將各種促銷商品的說明性文字懸掛起來，使消費者的在眾多商品之中，一下就能看到促銷的商品，刺激他們的購買慾望。

44

加強三種銷售服務

業 績 提 升 技 巧

「服務促銷」是新的經營手法，做好「服務促銷三部曲」（即：售前服務、售中服務、售後服務），能提升企業業績，又讓客戶滿意、放心。

1. 售前服務未雨綢繆

對於零售業的店鋪促銷來說，要進行服務促銷，就有售前服務、售中服務、售後服務三個方面，我們通常稱之為「服務促銷三部曲」。

所謂售前服務，就是開始營業前的準備工作。零售業的許多服務項目顧客購買商品過程開始之前，就需要進行精心的設計和安排。

廣義的售前服務幾乎包括了除售中服務、售後服務以外的所有商品經營工作。從服務的角度來說，售前服務是一種以交流信息、溝通感情、改善態度為中心的工作，必須全面仔細、準確實際。售前服務是零售企業贏得消費者良好第一印象的活動，所以服務員提供服務時應當熱情主動，誠實耐心，富有人情味。

美國舊金山有一家食品超市，商店門面裝飾得相當漂亮，入口處有許多小推車，以供顧客使用。顧客推著小車，通過自動感應門，進入售貨大廳，一進門就能看到有許多台計算機。顧客只需根據自己的

需要，比如一頓晚餐、4個人的分量、主副食搭配等，分別按向有關鍵鈕，顯示屏上就會列出一組組的菜單。每組菜單中都列有蔬菜、肉類禽蛋、酒類、飲料、甜點、果品以及各種調味品等。每一品名下還註明了在售貨廳中陳列的位置，如第幾通道、第幾貨架及序號，屏幕顯示緩慢，使顧客有充分的時間來考慮選擇。計算機旁邊還備有紙、筆，以供顧客記錄有關資料。

由於商品陳列與菜單上的商品順序一致，顧客只需依據指示燈線路取貨，就不會走冤枉路。商店在編制各種菜單的程序之前，都要經過周密的調查研究，並根據各階層顧客的收入水準、愛好、風俗習慣，照顧到各類需求編列菜單，它既能為顧客當好參謀，使顧客買到自己喜歡的菜肴，又吸引了許多顧客成為商店的常客。

這家食品超市正是依靠這種細心體貼的服務，吸引了許許多多顧客前來購物，一些平時工作繁忙的上班族甚至不怕路遠，從幾十哩之外駕車到這裏購物，成為這家食品超市的忠誠顧客。

事實上，如果零售業能夠做好售前服務工作，就可以做到未雨綢繆，節約經營成本，減少不必要的損失。這正如生產產品一樣，如果一次就把產品設計、生產好，就可以省掉重做和廢料的成本。

「10-100-1000」規則就說明了這種成本的節約。這就是說，如果企業的質量管理人員對出廠前的產品進行檢驗，一旦發現問題，只需要花10美元就可以解決這個問題；如果這個次品送到中間商手中再退回來維修，這時解決問題的費用將是上一次的10倍，也就是100美元；要是這種次品被顧客買到，引起顧客的投訴或者退貨，甚至使顧客提出索賠，這麼一來，企業糾正過錯的費用至少是1000美元，或者說是早期發現錯誤成本的100倍。從中不難看出，把錢花在預防和監控上是很有必要的。

同樣的道理，零售企業如果能夠提供優質的顧客服務，也可以省掉事後彌補的成本。這種成本雖然還沒有確切的方法可以衡量，但是根據粗略的估算，爭取一位新顧客所投入的營銷成本大約是留住老顧客所需成本的 3 到 5 倍；忠誠的顧客提供給零售企業 3 倍的回報，他們會主動再來購買，從而使得在他們身上投入的營銷和銷售成本比招徠新顧客所投入的成本要低得多；而且只要企業堅持為顧客提供高品質的服務，忠誠顧客的購買量也會比其他顧客要多。

因此，優質的售前服務不僅能夠減少不必要的損失，還可以達到促進和提升企業形象的目的，而且可以使顧客更加滿意，能夠吸引新顧客，留住老顧客，培養忠誠顧客，使他們成為企業未來銷售收入的主要來源。由於獲得這些顧客的成本非常低，也就必然會使零售企業在經營業績上領先於競爭者。

2. 售中服務讓顧客稱心

售中服務又稱為銷售服務，是指買賣過程中，直接或間接為銷售活動提供的各種服務。

現代商業銷售服務觀點的重要內容之一，就是把商品銷售過程看做是既滿足顧客購買慾望的服務行為，同時又是不斷滿足消費者心理需要的服務行為。

售中服務有時候甚至被零售企業的經理們視為商業競爭的有效手段。日本一家商店的經理曾經說：「如果一個雇員在銷售過程中沒有能夠體現出優質的服務業績，那麼他給商店帶來的損失就不僅僅是一筆未能做成的買賣，而是損害了商店的信譽。這樣做，企業喪失的利潤可能微不足道，但是這樣做的後果將是企業喪失競爭能力，這簡直是令人不能容忍的。」

零售業的經營者應該充分重視對售中服務過程的研究，將售中服

務當成一個大有潛力的管理課題，常抓不懈，向服務要市場，向服務要效益。

有一位中年男士準備為家中購買新的沙發。一天，他正在讀報紙時，看到了一條某傢俱公司的廣告，而且正是銷售沙發的消息，沙發的檔次、款式、價格都很符合他的需要。他又看了看具體的圖片介紹，知道有多種顏色可以供選擇，大小也很合適，於是他和妻子商量了一下，立即給這家傢俱公司打了電話。

在電話中，這位男士問道：「您好，我看到了你們公司在報紙上登的廣告，請問廣告中的沙發還有嗎？」對方回答說：「當然有。」這位男士非常高興，又問道：「還有那種乳白色的，而且是60英寸的沙發嗎？」對方又回答說：「還有一些。」

這位男士高興極了，又繼續問道：「你們公司離我家不遠，你們能不能給我送上門？」「當然可以。請問您家住在什麼地方？」這位男士告訴了對方自己家的住址，然後準備跟對方訂貨。

這時，他突然又想到一個問題，於是問對方說：「你們公司收不收舊沙發？我家的舊沙發可以處理給你們嗎？」

可是對方回答說：「對不起，我們不收舊沙發。」

「為什麼不收？」

對方回答說：「收舊沙發不屬於我們公司業務範圍之內的事情。」

對方的這種回答卻使得他覺得非常別扭，於是他立即打消了在這家公司訂貨的念頭。他又繼續翻閱手中的報紙，在後面的廣告欄中又找到了一條傢俱公司的廣告，也是銷售沙發的。

他又給對方打了電話，詢問了沙發的有關情況，覺得比較滿意。最後，他又問對方是否回收舊沙發，對方回答說：「當然回收」。

這一回答令他非常滿意，他當即就決定購買這家公司的沙發。第二天，這家傢俱公司就將新的沙發送到這位男士家中，並運走了舊沙發。

零售業的售中服務，就是要讓顧客在購買商品的時候，除了讓顧客滿意之外，還應該讓顧客買得稱心，真正為顧客著想，使顧客覺得商店確實在考慮他們的利益，從而樂意接受商店的服務，將口袋裏的鈔票掏給你。

3. 售後服務讓顧客放心

售後服務是為已經購買商品的顧客提供各項服務。傳統的營銷觀點一般是把成交商品的階段，作為銷售服務活動的終結，然而在新產品劇增，商品性能日益複雜，商業競爭日漸激烈的今天，商品到達顧客手中，進入消費者領域之後，商店還必須繼續為顧客提供一定的服務，這就是售後服務。

售後服務可以有效地溝通和顧客的感情，獲得顧客寶貴的意見，以顧客的親身感受來擴大企業的影響。它最能體現商店對顧客利益的關心，從而為企業樹立富有人情味的良好形象。

售後服務作為一種服務方式，內容極其廣泛。如果說售中服務是為了讓顧客買得稱心，那麼售後服務就是為了讓顧客用得放心。

售後服務大體上有兩個方面：一是幫助解決如搬運大件商品之類常常使顧客感到為難的問題，商店代為辦理，為顧客提供購物方便；二是通過保修、提供咨詢指導等服務，使顧客樹立安全感和信任感。這樣，就可以鞏固已經爭取到的顧客，促使他們連續購買，同時還可以通過這些顧客進行間接的宣傳，影響、爭取到更多的新顧客。

(1)商品的退換服務

一個有自信心的商店，一定要做到使顧客購買商品後感到滿意。

除了食品、藥品等特殊商品外，如果顧客買東西後，又覺得不太合適，只要沒有損壞，商店就應該高高興興地給顧客退換。如果的確屬於質量問題，商店還應當向顧客道歉。

例如有一位丂留學生在國外一家商店買了一塊手錶，戴了兩年出了一點兒毛病。他拿著手錶到商店裏去，請商店幫助修理一下，結果服務員檢查之後說是手錶質量的毛病，一定要堅持給這位留學生換一塊新手錶。

這種做法看起來是商店吃了虧，但顧客一定會被商店的做法所感動，甚至會到處為該商店做免費宣傳，有利於提高該商店的聲譽。

⑵商品的修理服務

對零售業而言有 3 種涵義：

· 對於本商店出售的商品的保修業務。

· 對於非保修範圍內的顧客用品的修理。

· 對於顧客準備購買的商品，由於其中某一個可以改變的部份不符合自己的需要而要求的修改服務。

這三種修理業務都有利於商店的業務開展。保修業務是商店對所出售商品的質量保證，除了及時為顧客提供修理服務之外，還必須查明原因，一方面向顧客交待清楚，一方面登記入網，作為制定商品質量或銷售工作質量標準的依據。對於非保修範圍的顧客用品，商店也要盡可能地幫助修理，這樣可以提高商店的聲譽，吸引顧客，因為顧客找上門來修理，是對商店的信任。

售後服務即商品銷售後為顧客所提供的服務，除了一般性的所謂送貨上門服務以及退換和修理服務之外，最主要的就是獲悉顧客對商品使用後的感受意見；為了吸引顧客再次光臨，對於這一反應必須有深入的瞭解，以便為顧客提供更進一步的服務。

45

營造賣場良好的形象

 業 績 提 升 技 巧

商店形象良好，可提高商店的知名度與美譽感度，吸引客戶前來購買；還可以提高競爭能力，　化商店競爭；更可吸引人才，激勵員工。

1. 良好的形象是吸引顧客的磁石

為了吸引顧客，商店必須樹立一個良好的形象。

⑴商店形象造就了零售商生存和發展的基礎。顧客是零售商賴以生存和發展的基礎。在當今買方市場的條件下，顧客對在那家商店購買商品，實現需求，擁有自由的權力。商店形象如同一隻無形的手，把顧客招集而來，推之而去。良好的商店形象，會把顧客聚集店中而生意興隆；而不好的商店形象，則會使顧客拒而遠之，門庭冷落，難以維持經營。

⑵商店形象提高零售商的競爭能力。在現實中，形象好的零售商競爭能力都很強。零售市場的競爭，是零售商之間在市場中通過各種活動相互爭奪購買者。而購買者願意到那家購買是非強制的，取決於零售商的吸引力。好的商店形象會產生對顧客強烈的吸引力，得到更多的消費者惠顧。

⑶商店形象提高零售商的知名度與美譽度。商店開幕好會引起社會各界的注意，吸引新機構的重視，並給予傳播，也會在來過商店的消費者中形成口碑，從而擴大商店的輻射範圍，增強消費者的信任與支持。

⑷商店形象是零售商的無形資源。作為資源，商店形象與零售商的其他資源一樣，經過投入會帶來一定量的收益。不同的是商店形象作為無形資源，它帶來的收益是難以估算的。儘管現今有了對名牌的價格估算，但對店牌估價尚屬未見。商店形象的資源效應是它對顧客的吸引力，交易範圍的擴展，建立分號而省去的創業投入以及時間等的價值量，往往給零售商帶來意想不到的效果。

⑸商店形象提供與其他經營相關的部門合作、發展的機會。零售商有著良好的形象會引起製造商、經銷商，以及同行業中其他零售商的注意。一些有創意、有前途的工商企業會主動尋求合作，共同發展，還會得到供貨者、金融機構、工商管理機構等的信任、幫助和支持等，使自己與同行業其他零售商相比有更多的經營機會、較低的風險。

⑹商店形象能夠吸引人才，激勵員工。零售商有良好的形象，會吸引優秀人才成為企業的員工；也使員工產生自豪感，並竭誠工作，創造更優秀的經營績效。

良好的商店形象不是自然形成的。它是零售商精心設計的產物，並且經過多年的貫徹，得到消費者的承認才形成的。

商店樹立起良好形象不是一朝一夕之功，在這方面要多下功夫，努力樹立起商店的形象，增強顧客的信任與支持。

2. 賣場形象策劃

經營者在對企業形象進行策劃時，要避免以下幾點：

(1)表達不準確

即定位或表達不準確,在實際工作中起不到指導、規範作用。

(2)千篇一律

雖說企業經營有諸多共性,但企業的精神口號是強調個性的。因為理念識別的關鍵是要具有識別性,而識別性來自於個性。像「消費者就是上帝」這樣的口號雖是真理,但到處可見,也就失去了對企業的識別性。

(3)空洞無物

如「爭創一流」,此口號使人很難理解出到底傳達了什麼內容。

(4)不切實際

一些企業似乎覺得口號越響,口氣越大越能體現其精神如「實現銷售額一年翻一番,十年趕上沃爾瑪百貨店」,結果不僅難以激發員工的積極性,相反會給人夜郎自大的感覺,效果適得其反。

(5)隨意變更

企業的精神口號是企業價值觀的表現,而企業價值觀一經形成,是具有相對穩定性的。因此,企業的精神口號也應保持一定的持續性,不能隨意變更。只有保持相對穩定性,才能使其逐漸轉化為員工的信念,從而在企業內部、企業外部產生持久、深刻的印象,並樹立良好的企業形象。當然,這裏所說的持續性,並不意味著一成不變。實際上,企業精神口號是穩定性與發展性的統一,因為穩定才是發展的前提和基礎。

經營者在對企業形象策劃時,應將企業經營信條、經營方針、策略等特色彙集一體,融會貫通,運用最精煉的語言,以口語或標語的形式表達出來。

3. 用服務禮儀打動客戶的心

(1)待客姿勢

顧客每走進一家商場時，感受到的第一印象便是商場的服務態度。因此服務員的待客姿勢，決定著顧客對商場的第一印象。我們常聽到有顧客抱怨說：「看到那些服務員一點兒姿勢都沒有，心裏就不舒服！」這說明顧客非常注重服務員的站立姿勢。所以，在零售業的服務促銷禮儀中，服務的站姿必須納入服務規範。

對於服務員來說，正確的待客姿勢如下：

· 服務員必須在能環視到自己職責的範圍內，站在距離櫃檯一個拳頭間隔的地方，雙手自然的疊放在櫃檯上，或在前交叉。

· 雙腿端正站立，彬彬有禮，既不能擺出一副懶散的面孔，眼睛直勾勾地盯著顧客，更不能私下閑談，或躲在一邊化妝、看雜誌。

· 當櫃檯前面沒有顧客時，服務員要經常進行商品清點、整理、補充，準備再次銷售；或者整理發票和處理簡單事務。即便沒有顧客，服務員的心中也要想著顧客，提醒自己是否有顧客來，一旦顧客來到櫃檯前，就應該立即停下手中的活，準備接待顧客。

根據上述方法，商店應按照店內面積，規定每個服務員負責的場所和範圍，以及制定服務員工作守則。服務質量和顧客滿意率也就會隨之上昇，商品促銷工作也就會更加如魚得水。

(2)儀表得體

服務員的恰當儀表也會給顧客帶來良好的「第一印象」。服務員應該儀表得體，「儀表」通常指一個人的服裝、衛生和化妝；「得體」就是指整潔、大方、和諧。

　　要求服務員儀表得體，首先就要求服裝整潔、大方、合身。其次是對洗頭、刮臉及衣服的洗滌、熨燙的要求。

　　另外，對於女性服務員來說，要求化妝應該謹慎，不要和顧客爭相媲美，因為某些女性顧客有排斥同性化妝和修飾的心理，所以需要加倍注意。在這一方面，化妝應注意和服飾保持和諧，切忌濃妝艷抹，一般來說女服務員最好化淡妝，這樣不但避免了喧賓奪主之嫌，而且顯得自然、大方。對於顧客來說，服務員的風度、修養，要比起漂亮更加重要。

(3)動作敏捷迅速

　　除了站姿和儀表之外，服務員的待客「形象」應當首推迅速和敏捷。這就要求服務員敏捷地為顧客進行商品介紹，包紮商品時儘量不讓顧客等待。服務員良好的接待形象，可以在潛移默化中贏得顧客的回頭率。

　　迅速敏捷還包括在節假日繁忙時期接待顧客的高效率。所謂高效率，並不是指一個人同時接待好幾位顧客，或者迅速「打發」顧客，俗話說「一手抓不住兩條魚」，同時接待兩位、三位以及更多的顧客，有可能產生一種危險，就是所有的顧客都不滿意。

　　試想一下，一個正在接待一位顧客的服務員，一邊為這位顧客介紹商品，一邊又從櫃檯裏為另一位顧客取商品，視線又不時地轉向其他的顧客，他還能認真地回答顧客的提問，瞭解顧客的需要嗎？顧客對這樣「應付」式的服務會滿意嗎？

　　因此，不論服務員多麼忙，接待顧客的原則應該是一對一。但有時在不得已的情況下，也可能會一個人同時接待幾位顧客，這就要求服務員按順序把主要精力放在接待一位顧客上，而對後面的顧客報以微笑，穩定他們的情緒。

這裏，「按順序」尤其重要，否則顧客就會產生一種「不被放在心裏」的感覺，於是服務員也會因此而失去前面的顧客。真正意義上的高效率接待，既要誠心接待每一位顧客，又要縮短接待的時間，也就是兼顧「質量」和「數量」。

在接待前面顧客的空際，服務員可以和後面的顧客打招呼，而且僅限於向顧客取出商品，進行簡單的介紹。這時，捨不得拿出商品讓顧客看，或催促顧客的行為都是不正確的。

⑷用言語來打動消費者

服務員不僅要以微笑接待顧客，在口頭上的言語，更不應該失去應有的禮儀。

在工作用語方面，也應該有所規範，除了「您好」、「謝謝」、「對不起」之外，也可以適當恢復一些傳統的禮貌用語，例如「久違了」、「勞駕」、「請您包涵」、「請您指教」、「歡迎光臨」等等，這樣就可以顯示服務員的修養和水準。但是在運用這些傳統的禮貌用語時，應注意不同的顧客和不同的環境。

在行為方面，服務員應該努力做到「誠於內而形於外」，要時常把自己擺在顧客的位置，處處為顧客著想，真正樹立「顧客永遠是對的」觀念。

如果有微笑和禮儀作為基礎，便可以創造出商店自然和諧的環境，顧客在這樣的環境中最容易產生積極的情感，商店的促銷活動能夠獲得成功，銷售額的隨之增長也就是不言而喻的，正好應了「和氣生財」這句古老的諺語。

4. 全聚德烤鴨店的成功經營策略

全聚德店導入 CI 計劃，從事企業特許經營主要是依賴總部的聲譽和經營管理技術來進行的。為了提高企業的整體形象，擴大企業聲

譽，全聚德集團全面導入 CI 策劃，制定了集團宗旨、發展目標、經營方針和行為規範，並設計出全聚德商標、標徽、卡通形象、標準字、標準色和標準廣告用語等，並以規範的組合方式使用於連鎖經營企業的商品、服務、廣告、印刷品、辦公用品、名片、建築物、交通工具、服裝等。經過一段時間的實施，全聚德終於樹立了獨具特色、統一的企業形象，為特許經營打下了一定基礎。

儘管全聚德在社會享有盛譽，如果沒有量化分析，也會給特許權的轉讓和特許費的確定帶來困難。集團公司委托評估公司對「全聚德」牌號進行了無形資產的評估，確定該集團擁有的「全聚德」牌號 1994年 1 月 1 日的社會品牌資產值為 2.6946 億元。

實行標準化管理，是連鎖經營的重要特徵。集團公司對全聚德傳統烤鴨和烹飪技術以及管理模式進行了高度提煉和總結，並上升到數據化、科學化、標準化，制定了質量標準、服務規範、操作規程、製作工藝、食品配方等，在此基礎上正式推出了《全聚德特許經營管理手冊》(以下簡稱《手冊》)。《手冊》是全聚德特許經營管理的基本文件，明確規定了全聚德特許連鎖企業要達到質量標準統一、服務規範統一、企業標識統一、建築裝飾風格統一、餐具用具統一、員工著裝統一的「六統一」規範標準。《手冊》也是對使用全聚德商標的加盟店進行管理、檢查、督導、考核的依據。推出《手冊》之後，公司即向所有連鎖店進行了貫徹落實工作，並依據《手冊》規定的內容實施全面管理。

為了使《手冊》一絲不苟地執行，公司建立了督導制度。對連鎖分店實施督導管理，是實施連鎖經營的一個極為有效的方法，也是國際連鎖企業成功的經驗之一。集團公司於 1995 年初組織了以專家技術人員和管理人員組成的督導小組，對國內的 50 多家分店進行了第

一次督導和技術指導。督導內容包括《手冊》所規定的其他應統一的內容。在檢查過程中，對分店的實際問題進行了現場技術指導，對幾家不符合條件的分店摘掉了「全聚德」商號，同時，還對廚師和服務員進行了技術考核、技術認證和菜品質量鑒定工作。這次督導對進一步規範經營和管理起到了很好的作用。在總結督導檢查的經驗基礎上，集團公司還將進一步完善督導內容和方法，建立區域管理和日常管理相結合的管理模式，強化管理，保證連鎖經營的健康發展。

此外，也開始實行「秘密顧客」檢查制度。公司從社會上選聘有關專業人士，經過培訓後，以真實顧客的身份，對各分店進行定期和不定期的檢查。對各分店的菜品質量、服務質量和管理水準等方面的情況掌握得更加真實準確，對出現的問題及時採取措施解決，加大了公司對各分店的管理力度。

為了確保特許經營計劃的順利實施，科研、配送、培訓等各項配套設施必須相應跟上，集團公司又著重抓了以下幾方面的工作：

(1)積極開發新品種、新技術

在探索全聚德烤鴨正餐連鎖經營的同時，公司又吸取國外快餐業連鎖經營的成功經驗，適應人們生活需求和飲食市場的變化，進一步開發全聚德快餐系列。除在北京繁華的前門大街開設了全聚德示範店、專門經營系列烤鴨套餐、冷菜、麵食等 10 餘個品種之外，又加快研製全聚德快餐新品種。經過兩次鑒定，確定了 3 個系列近 10 個品種，並開始向市場試銷，希望不久可以形成全聚德傳統宴席和現代快餐兩種經營方式並存、互相依托、共同發展的新格局。

公司還積極研製新技術，不斷改進，提高產品質量。它們在先期完成並獲國家專利的不鏽鋼快裝式烤鴨爐的基礎上，又完成了複合式鴨爐、燃氣式烤鴨爐及烤鴨保鮮技術科研項目，並且已在連鎖企業中

推廣,同時,全聚德專用麵醬和速溶鴨湯粉的研製工作也取得了進展。

⑵抓緊配套供應中心建設

在原料供應及配送上,集團公司狠抓了幾方面措施:

加快建立食品加工基地,生產全聚德烤鴨、菜品、餅、麵醬等半成品和小包裝食品。

採取合作聯營、定點生產等方式,建立起養鴨基地、專用飲料基地、專用設備生產基地等。加快做好配送工作,集團配送中心將逐步建立起企業訂貨、定點生產,統一結算的運作體系。

⑶建立培訓中心,規範培訓工作

要實施大規模的連鎖經營,企業的產品、服務、形象等各方面實現整齊劃一,對員工的培訓就顯得格外重要。為此,集團公司投資建設了集團培訓中心,承擔集團的各種綜合培訓、專業培訓和電教培訓。同時,公司的統一培訓教材《全聚德特許經營管理專業培訓教材》正式出版。隨著上述工作緊鑼密鼓地進行,公司開始全方位地向外拓展連鎖業務,相繼在重點省會城市和旅遊熱點地區開辦分店。同時,他們積極開拓海外市場,先是委託中國國際貿易促進會在世界 35 個國家和地區進行了「全聚德」國際商標的註冊工作,確保有效地維護公司商標在國際市場的合法權益。然後,他們在美國洛杉磯、關島、德克薩斯、休士頓等地建立了 6 家海外企業,希望通過這些分店,總結經驗,探索出一套中國餐飲業進行國際市場的途徑和方法。

46

入店的瞬間印象良好

業 績 提 升 技 巧

　　顧客進入商店的瞬間，就能感受到的氣氛，決定了商店的興衰。

　　世界上有許許多多的商店，其中有顧客絡繹不絕的商店，使顧客滿意容易進出的商店，亦有顧客離開後決定不再光臨的商店等，你的商店屬於那一型？

　　當顧客進入商店的瞬間，感受到的印象與氣氛，即決定了其對商店的印象。注意顧客第一印象，商店的「良好氣氛=良好印象」，而此第一印象必須建立在顧客對商店所認知的「感情印象」之上。自認為很好，卻不知顧客的看法如何，若缺乏客觀的檢討，則無法真正貫徹「顧客至上」的服務。

　　招待、表情、儀容、言詞與態度是提供良好印象的五大要素，這些要素的彼此關係是依「乘法模式」表示，亦即招待、表情、儀容、言詞都完美無缺，但若態度不好，是零點，則彼此相乘的結果則為零分。

　　正確掌握提供良好印象的五大要素，以作為讓顧客覺得「感覺真好！」的先決條件。

從顧客進入商店至離開之前，有許多提供良好印象的注意事項：

1. 準備

以「顧客的觀點」檢核賣場、儀表等一切是否週全？準備完成迎接顧客的態勢。

以「顧客的觀點」含有兩種意義，一種是以顧客的心情；另一種則以顧客站立的位置，確認「是否為清潔漂亮的商店」。

一天最少以顧客身分檢核三次——例如燈泡斷線、商店內是否有紙箱等商品以外的東西，包裝台上是否零亂等。整齊清潔的維持，不論是何行業，都是銷售的關鍵。

2. 發現並迎接顧客

首先建立動感的商店，當顧客發現銷售人員靜默站立著注視自己時，則需要有足夠的勇氣才敢進入店內，故應建立顧客容易進入的空間。

先下手為強的招待和回音式的發聲，為迎接顧客時不可或缺的要素。明朗活潑的商店是顧客希望進入的商店，若入店的第一印象不清爽，則將留下厭惡的形象。據說，動物初生首次睜開眼睛觀看外界，即能辨認自己的雙親，這種現象稱為刻印現象，故以刻印現象對待顧客極為重要。

大聲明朗爽快地說「歡迎光臨」，表現感謝的心情。

以清晰明朗的聲音傳達，就是對工作伙伴的一種「顧客來了，準備好了嗎？」的意圖。一人的發聲持續逐次以回音式方法招待，就可使商店產生活潑的氣氛，若店員的耳語多、沒有應對顧客意識、延遲發現顧客等，都是使顧客感到寂寞的因素。

3. 應對

爽快的語言能留給顧客良好印象，並帶來安全感；故最好的回答

就是「是的」。

若遇到店員本身不知的事，要以「是的，我請店長來確認」之對應，即使顧客認為無奈亦不會產生不快感。此外，活潑地回答「謝謝您！」亦能表現對顧客感謝的喜悅。

明確表達意思，不僅活用在銷售現場，更是提供好印象的要素。

4.等待

迅速地應對，不使顧客等待。但若「善用等待」，亦是使顧客產生好感的要素，例如以「請稍候」和微笑等加以應對。

若等待的時間稍長，則店員應瞭解等待者心情的變化，以二分十秒為原則（是指人類默默無語等待超過二分二十秒時，則其情緒將由不安——焦急——發怒這些變化），否則有很大的差距。故等待時間長時必須事先告知狀況，並且不要吝惜地說「對不起，久等了，是否能再稍候五分鐘」，有禮貌的對應。

5.交貨

良好的感受表現在購物後，銷售商品的瞬間即轉身與鄰近銷售人員交談，將使以往滿分的應對變成零分。售後的餘音、說聲「謝謝您」直到最後都應注視著顧客；離店時全體店員同聲說「謝謝光臨」，這種商店必使顧客喜歡再來，故銷售活動從最初至最後，都不能疏忽任何細節。

6.瞭解顧客的心聲

「謙虛」是培育人才或企業最重要的態度，故為排除「不謙虛」，應經常保持傾聽顧客心聲的姿態。某些企業靈活應用「加油卡片」，於現場階段積極地每日傾聽顧客的心聲。公司一年應有兩次，在這期間努力尋求顧客的「建議」，若只在店面放置問卷調查卡，即無法真正地瞭解顧客的意思。

你的商店是否瞭解顧客，並率先提供服務、親切的招待顧客渡過快樂的時光呢？

7. 活潑愉快的銷售工作

感受良好的重點，多數是最大的銷售力，亦即現場第一線活潑快樂的銷售工作。

笑容是最大的服務，若不自然勉強地裝出笑容，則會立即傳達給顧客；衷心快樂的從事銷售工作，其技術自然會學好。

每個人發揮 100%的能力，再互助合作以正確的團隊精神，邁向「全國最快樂購物的商店」之目標。

使顧客能快樂舒適的商店，對在此工作的人員亦是良好的商店。

8. 有效回答客戶的疑問

根據對顧客購買商品時心理的分析，多數顧客對於自己想購買的商品，在某種程度上都抱有疑問和異議。例如：

· 這種款式適合我嗎？

· 價格是不是太高了？

· 質量是否有保證？

· 質地會不會很結實？

· 顏色好不好？

如何巧妙地讓顧客打消這些顧慮，是服務員的職責。

顧客疑問並不是因為顧客對商店的服務和商品質量不滿而產生的，事實上，顧客只有對這家商場具有一定的信任度，才會向它提出疑問，否則就會一走了之，讓服務員根本摸不到頭腦。

顧客的疑問、抱怨一般由以下幾種原因引起：

· 由於商品質量不良引起的顧客抱怨。

· 由於服務員的服務方式不當引起的顧客抱怨。

為了有效地預防顧客的抱怨，商場可以採取多種多樣的促銷方式，例如：

· 出售質量合格的商品。

· 加強商場內部的環境和設施建設。

· 採購的商品質量要過關。

· 為顧客提供良好的服務。

其中為顧客提供良好的服務是非常關鍵的一種方式，在某些情況下，優秀的服務可以彌補由於商品質量不合格的原因引起的顧客抱怨。

為了有效地處理顧客的疑慮，服務員在接待顧客時，必須做到循循善誘。所謂循循善誘，就是指引進誘導的意思。循循善誘要求服務員能夠根據顧客的愛好、興趣和消費水準，有針對性地向顧客介紹商品的各種特點，並由此及彼步步深入，形成「賣者循循善誘於前，買者孜孜求索於後」的和諧局面。而這種和諧局面的形成，是以服務員熟記有關商品的性能、保養和使用方法等商品知識為基礎的。

「誘導」作為激發顧客購買慾望的一個重要方面，應該貫穿於商品交易的全過程。誘導不是欺騙顧客，而是使顧客把心中的疑慮說出來，由服務員加以解答，而且越是顧客疑慮的地方，越要要加以誘導，使顧客能由表及裏地去認識商品，從而放心大膽地購買商品。

同時，服務員在解答顧客疑慮時，還應該注意以下幾點原則：

· 正面負責的態度。

· 真正關心顧客的問題。

· 立刻採取行動解決顧客的抱怨。

· 切忌說某些不應該說的話。

· 集中精力，耐心而仔細地傾聽顧客的意見。

· 如果有必要的話，重覆顧客的話，使顧客知道自己已經完全聽懂了他的意思。

· 熱情地向顧客詢問有關情況，將顧客的意見重新組合和整理，然後向顧客進行解釋。

· 通過道歉和賠償，使顧客解除抱怨心理，重新贏得顧客。

總之，服務員對顧客的所有疑問、異議，都要迅速做出反應，而不能無動於衷。服務員即使想反駁顧客的疑問和異議，也要注意間接進行，避免針鋒相對，或者發生爭吵。

心得欄

47

重視客戶才會產生利潤

 業績提升技巧

「客戶就是上帝」，企業唯有將客戶當作上帝來看待，才能產生利潤。樹立以「客戶為中心」的經營理念，做好客戶管理、客戶服務，才能成為市場贏家。

「顧客就是上帝」，這是許多商家都明白的道理。然而，如何將顧客真正當做上帝來看待，卻不是每個商家都能夠真正領悟其中的奧妙的。

保護「上帝」的利益，就是要求零售業真正樹立「以顧客為中心」的經營理念，實現從傳統的「以商品為中心」的經營思想向新型的「以顧客為中心」的經營思想的轉變，其實質就是要求零售業把自己的興衰存亡置於消費者的主宰之下，帶領自己的企業圍繞消費者的需求而動，讓消費者引導市場，成為市場的主人。

1. 重視客戶才能有利潤

如果零售業只是將消費者當做贏利的對象，根本不顧及消費者的利益，讓消費者對你產生懷疑，那麼很明顯，最終的受害者將是零售業自身。

舉個簡單的例子，假如你是個消費者，你和家人在星期天去某家

商場購物。這時，商場正在搞促銷，規定只要顧客購物滿 200 元就可以返回 60 元的購物券。於是你和家人進去參觀選購。

可是，當你交款並領到一張購物券之後，再將選好的其他商品帶到交款台前時，這時服務員告訴你，你的購物券只能在指定的商品中選購，這時你一定會覺得這是商場在戲弄你，從而會產生一種上當受騙的感覺。當你下一次遇到類似的促銷時，也許再也不會動心了。

其實，在一些營銷理念十分發達的國家，商家早已將消費者置於「上帝」的位置。例如在美國，經過長期的經營實踐，美國企業早就有了深切體會—— 營銷活動的本質在於「經營」消費者。

為什麼這樣說呢？

因為從形式上來看，任何企業的經營活動當然要同政府、社會打交道；但是，從更深的層次來看，決定產品價值及生命的是消費者。試想一下，如果沒有消費者，產品又如何銷售出去？如果離開了消費者，產品也就不是真正的商品，企業就沒有辦法獲得相應的利潤。

根據市場營銷學的權威理論，零售業在進行促銷時，以顧客為中心，保護「上帝」的利益，是由以下因素決定的：

對於零售企業及其他任何企業來說，顧客就是企業的「衣食父母」，是企業的真正利潤來源。誰否認這一點，或違背這一規律，誰就會在市場競爭中遭遇失敗，根本無從獲利。

在法國化妝業領域具有舉足輕重地位的企業家義夫·羅歐爾，有非常成功的舉措。據統計，羅歐爾擁有 800 萬忠實的女性顧客，在他分布於世界各地的 900 多家化妝品商店中，經營著 400 多種化妝和美容產品，每年的利潤以億計算。

羅歐爾的這些成功，就是來自於他的「創造顧客」的經營思想。羅歐爾每年都要向他的顧客投寄 8000 多萬封信件，在每封信件中都

有他自己的照片和親筆簽名。也許有人會認為這只不過是一般商業往來信件，如果這樣理解那就大錯特錯了。事實上，這些信件就如同寫給自己的親密朋友一樣，內容十分親切，使收到信件的人看了都會覺得是自己的老朋友寄來的信，而會大受感動。

在這些信件中，羅歇爾會像老朋友似的給自己的顧客提出一些中肯的建議，比如「有節制的生活比化妝更重要」、「美容霜並不是萬能的」等等，從這些信裏面絕對看不出有任何推銷化妝品的意思。

通過這種堅持不懈的努力，羅歇爾建立起了一大批忠誠的女性顧客。現在，羅歇爾的電腦裏已經儲存了幾千萬封各種各樣的來信，而且建立了 1000 多萬名女顧客的檔案。每當有顧客生日來臨的時候，羅歇爾便會親自為她寄出新產品的樣品和祝賀卡片，向顧客表示祝賀。

這種一心為顧客著想、維護顧客利益的優質服務，為羅歇爾換來了豐碩的成果。他每天接受郵購而發出的郵包，就多達數萬件，而且這一數字還在日益增加。

在一般情況下，人們總認為購買化妝品和美容品必須請教美容師，但是羅歇爾卻從中得到啓示，認為女性顧客之所以要請教美容師，是因為她們渴望得到真正的美容指導。於是，羅歇爾便以自己多年來的從業經驗和切身體會，寫了一本《美容大全》。

這本書出版之後，立即受到女性顧客的歡迎，羅歇爾本人也很快成為廣大女性顧客心目中的「美容導師」，一時間他的名聲大振，甚至還有許多慕名的女顧客給他寄來支票，要求羅歇爾為自己進行美容指導，並替她們購買適合自己的化妝品和美容品。

正是通過這種不斷努力「創造顧客」的經營思想，使羅歇爾贏得了大量的女性顧客的歡迎，一旦他們成為羅歇爾的顧客之後，就很少

有人會離開他，而是成為羅歇爾的忠實顧客。

2.做好客戶管理

顧客是「衣食父母」，沒有顧客就沒有銷售，也就沒有盈利，門店也就失去了存在的意義；顧客對象的有效把握及擴大，是門店成長及發展的基本重點。

(1)明確顧客管理的主要內容：

第一，顧客來自何處。要分析顧客來自地區的戶數、人數、家庭規模結構、收入水準、性別、年齡、消費愛好等市場因素，據此提供給顧客滿意的商品或服務，所以對顧客的調查，是商店對人的管理的重要事項。

第二，顧客需要什麼。顧客對商場的需要是經常變化的，在收入水準不斷提高和消費者個性增強的情況下，這種變化的速度在增強。因此，店長要經常組織對顧客需要什麼的調查，虛心聽取顧客對商場的商品服務的要求和意見。如在各居民點設立顧客意見和要求箱，或用問卷調查等方法來獲知顧客的真實需要，建立與顧客之間的良好溝通。

(2)建立顧客檔案。

為了掌握顧客活動管理的重要資料，與顧客建立長久關係，顧客檔案的建立是商店必行的日常作業。通常包括以下事項：

第一，顧客檔案的管理形式。

由於顧客的數量較多，而且顧客檔案包含較多的收錄項目，因此現代連鎖商店對於顧客檔案的管理與分析，必須使用先進的 POS 系統，不然問題就會接踵而來。若顧客檔案未整理好，要對顧客作仔細的分析是相當困難的，更不說如何服務於目標顧客了。

第二，顧客檔案的登錄項目。

顧客檔案的登錄項目，應儘量精簡為宜，應該以「何時、誰、買什麼」為事實的基礎，將顧客的姓名、地址、電話號碼、惠購品（即主要惠顧本店何種商品）、採購時間等五項加以登記，職業、家庭成份、年齡等項目可另行登錄。

第三，如何請顧客填寫收錄項目。

建立顧客檔案時，「怎樣要求顧客填寫」一直是個問題。為解決此問題，可將記錄項目限制於姓名、地址、電話號碼三項就可以，而採購時間和惠購品由顧客口授，工作人員來填寫。同時誠懇地向顧客說明「是為了通知顧客本店舉行的特惠促銷活動，或由本店寄送免費券、折扣券及廠商的新商品介紹用的」就可以。

第四，一年一次定期核對。

一年一次向登記於顧客檔案的顧客寄送本店的問卷調查表，徵求顧客的意見。該表設有住址變更記錄欄，以這樣的方法定期把握顧客的移動情況。還可採用憑填好的問卷調查表領取精美小禮品的方式，以保證能基本收回問卷調查表，以此重新確認顧客檔案。

第五，建立顧客管理制度。

在建立顧客檔案的基礎上，要進一步建立完善的管理制度，其目的是為了確立顧客的重點需求和重點顧客，以便及時進行商品和服務的調整，並把重點顧客轉變成穩定的顧客群。現代零售業的一個顯著特點就是科學地管理顧客，要充分運用 POS 系統所提供的各種信息，通過 IC 卡、會員卡等現代化工具進行管理。

48

全體店員都加強服務

 業 績 提 升 技 巧

　　將顧客由一般顧客提升至忠實顧客，有　全體店員加強服務，例如推行「一人記憶百人」運動來彙集顧客，「一人一日三封信」之類的作法。

1. 推行「一人記憶百人」運動來彙集顧客

　　經常以「歡迎光臨」或「謝謝光臨」等言詞親切對待的商店，雖擁有很好的應對，久之亦會成為寂寞的商店。

　　在不瞭解顧客身份的陌生階段，應從一般顧客開始瞭解其姓名、面貌，熟悉顧客，瞭解其住址、偏好及能夠彼此幽默的顧客——友好顧客。雖偶在競爭商店出現，也愛用本店商品的顧客——忠實顧客，將一位顧客由一般顧客提升至忠實顧客，此過程需要賴彼此的「親密度」，亦是生意興隆的重點，而此一連串的過程，可使顧客固定化，稱為塑造顧客。

　　若一般顧客有二萬元的價值，則熟悉的老顧客就有二十萬、忠實顧客就有二千萬的價值。

　　首先要熟記顧客姓名，若無法區別經常前來或初次前來的顧客，則第一階段就不及格。對顧客意識太薄，即沒有養成以「眼睛待客」

的態度，觀察顧客的眼睛（微笑）掌握整體面貌的印象、經常脫口而說「非常感謝光臨」，就是從記憶顧客的容貌開始。

記住容貌後，尋找機會認識姓名，可利用信用卡、顧客名簿、VIP卡等，使容貌和姓名一致。

某些商店在最初階段，徹底將 VIP 卡上的姓名、住址記入，而於接受 VIP 卡時說：「××小姐，謝謝光臨」，歸還時再說一次，藉以徹底記憶和稱呼顧客姓名。

當顧客被稱呼××小姐時，會產生「我是本店的顧客」的意識，亦可說產生了「自己商店」的意識。

首先以記憶一百位顧客的容貌與其姓名為目標，將此工作視為「運動」，由全體店員實施，對顧客產生溫暖作用。

店員記憶顧客的姓名，亦使顧客記住自己，藉以增進親切感。全體店員是否於胸前配掛名牌？是否實行待客的良好印象？

同時，應珍惜此間自然的會話，如「今天天氣很好」、「早安」等，加上一句親切的問候語，能使顧客感到高興。

促銷活動的傳單可使顧客認為「××小姐特意寄來的」而倍感親近，如此才能達到效果。若不僅有印刷的文字，再加上親筆寫一句「您好嗎？」的親切表現，會使顧客感動萬分。

不要讓一位顧客變成默默無名的顧客，每月應努力累積記憶顧客，以增加本商店的熟悉顧客。

2.「一人一日三封信」運動

收到熟悉顧客寄來的信函是件非常高興的事，除新商品或促銷活動傳單外，由店員附帶親筆「您好嗎？很久沒給您寫信了……或昨天向我們購物很多，真感謝您」等，這種商店會使顧客感到高興；親筆寫私人信函給顧客，若一日無法寫三封，則一日寫一封亦很好。

經常有顧客於收到店員寄來的信函後，回信說「我非常高興，謝謝！」

49

提高服務可爭取顧客的信賴

業 績 提 升 技 巧

無論店鋪業者如何努力，若是服務品質始終沒有提高，顧客終將離你而去。

1. 服務品質會影響生意的好壞

在這個競爭的時代，光靠店鋪的格調來爭取顧客是不夠的。因為生意的好壞仍然取決於顧客的喜惡，所以，即使店鋪的商品可以不斷推陳出新造成暢銷，但是從另外一個角度來看，只要別家商店也能在產品的技術上進行突破、跟進，勢必立刻形成市場的激烈競爭。至於店鋪能否爭取顧客的支持，則有待進一步的探討。

因此，當商品的競爭進入循環比賽的時候，會使同樣的店鋪如雨後春筍般地林立，且讓顧客覺得，反正到那一家買都是一樣的。於是決定光顧某家店鋪的理由，也只有一個，那就是——又近又方便。

在顧客的訴求之下，假如業者想使自己的店鋪一枝獨秀，業績領先，最有效的辦法就是造成同行的差異化；而造成差異化的關鍵，不外乎是店面的裝潢、商品的包裝、以及重要的服務品質等等。

就服務品質來說，主要在於如何抓住顧客的心理，提供適時、完善的服務，因此，在服務的態度和項目上，應該事先規畫出來，並且加以系統化。

以零售店為例，經銷送貨服務與商品的售後服務，對於店鋪的差異化影響極大。藉著以上兩種經營，當可看出店鋪的服務品質好壞。

經營之道的不二法門，就是切實抓住顧客的心理，並且保持誠懇的熱忱服務。即使服務的對象只有少數幾人，或是交易金額只是屈屈小數，然而業者的待客熱情也不可稍減，甚或不屑一顧，以免招來顧客的不滿。

2.如何提高服務以造成差異化

店鋪應該提高服務品質，以造成同行之間的差異化，爭取顧客的支持，那麼如何提高服務呢？其具體作法，則因各行各業有所不同。

Ｍ超大型級市場即是以電話訂購送貨而起家的。該店的送貨服務採取科學化的管理方式，以便提高工作效率。其實施的辦法是將150種左右的商品，事先印製成一張項目單，然後分送各家各戶，顧客即可利用電話直接訂貨。此外，項目單上的商品都按季節來變換，而且這些商品只限於購買率高的應季產品。

原則上，只要店鋪收到訂貨的通知，可於二天之內送貨到家，不過為了提高服務的效率，Ｍ超級市場通常可接受上午的訂單，即在當天下午立刻送達，服務親切又便捷，普受顧客的好評。

另外，「亞光電器行」的服務方式也非常積極。該店是以半徑五百公尺的範圍為服務商圈，商圈之內的固定性顧客，都可以享受到購買電器產品之後的「定期檢查服務」，這項服務是按月實施，對於每戶家庭的電器進行免費檢查和維修。

買方必須把檢查日期、維修電器名稱、付費款項等資料，詳細地

填在詢問卡裏，做成受檢的記錄。除此之外，該店還會提供客戶一些正確的電器使用方法等。

類似這種鍥而不捨的售後服務，當然容易贏得顧客的信賴，進而成為固定性的老主顧。同時，亞光電器行也會主動爭取顧客，以其服務良好的金字招牌，前往附近的新宅促銷商品，從而使業績蒸蒸日上。

此外還有一種新興行業的出現，相當引人注意，這就是日漸普遍的二手貨服務業。顧名思義，該行業的服務項目，是將客戶委託銷售的商品陳列展示，然後抽取出售價格的二成做為傭金。

目前，有些二手貨服務業也將經營範圍加以擴大，除了服務客戶之外，也幫忙公司或廠商處理庫存貨物，因而業績直線上升。

出售二手貨的經產方式，通常是把客戶委託的物品陳列一個月，假如商品無法賣出，則應減價陳列一個月，若仍賣不出去，就把物品交還原主。

由上可知，服務品質的提升，也有賴於店鋪與顧客的依存關係，針對商品服務時代的來臨，店鋪業者應該不斷加強服務，製造同行之間的差異化，爭取固定的顧客。

心得欄

50

追蹤顧客案例介紹

業 績 提 升 技 巧

店員應對顧客的日常生活進行追蹤，開拓新客戶，拉
住老客戶，是店員日常活動的重點。

對顧客的追蹤是以資料卡為依據而進行。就以住址為例，若僅是
保守地追著顧客的屁股後面跑，那麼推銷業績必會逐漸下降，這是顯
而易見。

顧客的追蹤應編排在促銷員的日常生活中，因此，顧客的住址必
須非常正確才行。譬如：在某一天的預定行動地區中，會順路經過顧
客 A 和顧客 B 之處，則可將其訪問編入當日的行程中。但若顧客 A 在
幾個月前已遷居，而你的資料卡上並未記載，結果是白跑一趟，反而
浪費時間。為防止這種徒勞無功的情形發生，必須建立完整的住址記
錄。

但若因順路的理由而常常去拜訪也無意義，只是惹人厭煩罷了，
因此訪問的日期和時間也應有正確的記錄。

以上就是要求建立完整的顧客資料卡的理由，我們可根據資料卡
進行直接訪問，書信訪問或電話訪問。

A. 直接訪問——推銷員本身要訪問客戶，而不是派代表訪問。最

低限度三個月訪問一次。

可以藉這個訪問來確認已交商品的使用情形、催收貨款、拜託顧客介紹新客戶，也可以順便推銷相關的商品。

「推銷開始於貿然的訪問。」話雖如此，但不論是多麼老練的推銷員，貿然訪問總是較費心神。如果和被訪問的顧客間彼此相互瞭解，則訪問時心情會較輕鬆。但訪問時要留意和顧客間的人際關係（不可因過度的親密而變成隨便不客氣的態度）；並嘗試積極性的訪問。

B. 書信訪問——這是以親筆信和郵寄廣告印刷物為中心的訪問，還包括對顧客家族婚喪喜慶的賀電與賀卡以及時節性問候。

C. 電話訪問——以直接訪問一次、電話訪問兩次的比例來進行推銷，比較有效果。電話訪問時要注意時間不可過長（三分鐘最為理想），因為時間太長可能會使顧客認為：「打電話給我固然好，不過這人實在是話太多了！」這樣反而招致顧客的反感。

第一次訪問——直接訪問。此次訪問僅限於交貨及對貨款交訖的答謝，至於確認貨品使用情形（顧客有無抱怨）或拜託對方介紹新客戶，則為期尚早。但如顧客本身積極主動地提出，那麼你要樂意接受。

第二次訪問——電話訪問。大約在直接訪問後第二十至三十天內進行較為恰當，目的在於確認商品的使用情形。在這次的訪問中也許有被要求直接訪問的可能，其原因或許是顧客對商品有所抱怨，但也有可能是顧客要介紹新客戶給你。

第三次訪問——書信訪問期間，訪問函必須親筆書寫，範圍限於簡單問候及對商品使用情形的再確認；同時不要忘記在信中順便請求對方介紹新客戶。至於介紹新產品廣告當然可附在同一信封內郵寄，但必須顧慮到因而使顧客注意力轉移集中在廣告印刷品上的可能。

第四次訪問——此時可以變更「直接訪問——電話訪問——書信

的訪問」的順序，因為重覆這種一成不變的模式，容易使顧客摸清你的底牌，被顧客推測出：「差不多快打電話來了。」「這次的信會寫些什麼呢？」所以，這絕非上策。

但如果是非常期待你訪問（不論直接或電話訪問）的顧客，則另當別論。通常這類的顧客會主動地表示，例如打電話催你直接訪問。

這次的訪問約在交貨後四個月，可以採取試探性的直接訪問。這時你要有將顧客當做有可能成為顧客的新客戶的正確觀念，而後回想從貿然訪問，發掘有可能成為顧客的新客戶⋯⋯一直到培養其成為自己顧客的過程，在訪問時準備一些適當的紀念品作為禮物。這個訪問的目的是集中於──對方有無介紹新客戶的可能性？對相關產品是否感到需要？

第五次至第十次的訪問──誠如前述，「直接→電話→書信」的訪問模式易感厭倦，因此在行動上須稍加變化：

如果是書信訪問，則可改送展覽會的邀請函；或從出差地郵寄土特產。如果是直接訪問，則可輕描淡寫地告訴顧客：「因為到這附近來，所以順路來拜訪你。改天再長談。」不要讓顧客認為你是專門來訪並打算長談。

第五次至第十次訪問期間，可能有需要寄賀卡或時節性問候信的時候，雖然麻煩一點，但是一定要親筆書寫。假如顧客很多，非印刷不可時，紙要印上「恭賀新喜· ××年元旦· 住址· 姓名」，然後再頗具巧思地親筆附上一句，如：「少爺今年該畢業了吧！」

第十一次以後的訪問期間──如以一個月訪問一次計算，第十一次以後的訪問大約是從交貨後的一年開始。此時要詳細查詢「顧客＝可能成為顧客的新客戶」之可能性；及顧客週圍有多少潛在需要；是否已到增購或汰舊換新的時候，而後考慮改變進攻辦法。

51

老顧客介紹新顧客

 業 績 提 升 技 巧

　　資深的店員懂得拉住已成交的顧客,使他有可能再度光臨。

　　資淺的推銷員往往在商品成交後就放心了,認為對這位顧客的責任已了,而將全付精神放在另尋新客戶上。這件事本身並沒錯,但是他並不瞭解:已交貨的顧客,在交貨的那一刻(或達到交貨的過程中)就變成有可能再度光臨的老客戶。

　　假如你的成品毫無瑕疵,且顧客使用後感到十分滿意,也可能因此而介紹新客戶給你。即使你銷售的商品是耐久的消費品(如汽車),但因商品本身有一定的使用年限,所以也一定有汰舊換新的時候,屆時再委託你購買的可能性很高。因此,不論從那個角度來看,這個顧客就變成有可能再成為顧客的新客戶。顧客管理的重要性在此可重獲肯定。

1. 顧客對你是否有好感?

　　如果被問及:「你認為那個人對你是否有好感?」相信每個人都會猶豫一下,然後,有自信的人會回答:「我想是有的。」缺乏自信的人則會有:「不曉得!」「我自認為是很認真,可是對方……。」等

各類的回答。要贏得顧客的好感有個要點：

顧客和推銷員之間的關係主要是維繫在顧客對商品（包括經辦人的你）的信賴度，以及你對這種氣氛的濃淡度，這些是決定你受到顧客好惡的因素。這絕非誇大之詞。

雖然我們聽過：「那個人就是討人厭！」「一聽到那個人的聲音就噁心！」這種話，畢竟是例外情形，只要你對顧客的態度極其誠懇而不摻一絲假意，顧客一定會對你產生好感。

為使顧客對你有好感，你該怎麼辦？以下是值得注意的方面：

· 直接訪問時，對顧客是否超越了應有的親密程度？

· 是否在對方忙碌時訪問？

· 書信訪問時，是否錯別字太多？

· 是否使用不清潔的信封或明信片？

· 是否會在打擾顧客的時間內訪問？

· 是否談話時間過長？

一般人對自己的缺點都不易自覺，即使自覺也不易更正，大多會以「那個人還不是……。」「客人也有……。」不可如此推諉責任，藉種種理由來安慰自己。要知道，唯有嚴以律己的態度才能打動第三者（顧客）的心。

2. 你是否抱著明確的目的意識去訪問顧客？

一般為推銷員所寫的指導書籍中所陳述的都是標準化的模式，並不因為個人所經手的商品特性或接待者的個性而有分別。因此，在此不厭其煩地強調行動變化的必要。

直接訪問時須準備什麼？第一次訪問只是禮貌上的訪問，所以空手去也無所謂，或是拜託上司陪你去也可以。第二次的直接訪問則可考慮攜帶有關公司業績的簡報（非公司的目錄）。其次，不論是書信

訪問、直接訪問或電話訪問，都一定要定期（並不是固定每個月的那一天，而是固定大約二十天或三十天訪問一次。）

假如顧客有抱怨的情形，你一定要有排除萬難，立刻解決問題的存在。

一般來說，人們很容易誤認為顧客管理是：多訪問顧客、多和顧客閒聊，顧客就會自動提供其所需商品的情報。如果抱著「在家裏坐，生意就會上門」這種心理而能賣出商品，那天下就沒有難做的生意了。

但是，事實上做生意並不是這麼容易，所以應該抱持著「昨天是顧客，今天就可能成為顧客的新客戶」的想法，不斷地去訪問顧客，否則業績不會有進展。

3. 心理必須經常想著「拜託介紹新客戶」

如果希望從顧客處獲得更多介紹，那麼你的心裏要時時想著「拜託介紹新客戶」。

交貨後的第一次訪問，若是貿然提出請顧客介紹新客戶的要求，似乎有點失禮，但若是顧客自己說：「我的朋友 S 看了貨品很滿意……。」這時就可順水推舟，向顧客借用電話和 S 聯絡。這是推銷員應有的積極態度。

因此，在第二次以後的訪問（不論書信或電話）中，可以附上一言：「不知有沒有人對這貨品感興趣？」「不知是否有人想買我的貨品？」拜託顧客介紹新客戶。

這種話在書信訪問時是附在信尾，可是在電話訪問時卻要在談話中若無其事地提及，這也是一種策略的應用。

假如你習慣在電話快講完時附上一句：「那麼是不是能介紹……」。很容易被人認為：「那個人是因為希望我介紹客戶才打電話來的。」這樣反而有被刁難的可能。

有時，顧客會說：「幫你介紹客戶吧！但卻未曾付諸行動。

這時可採取懇求的態度：「最近老是為業績苦惱，是否能幫幫忙？」

這種懇求的姿態可以使對方產生優越感，而且地位越高的人，越喜歡別人懇求他或拜託他。

4.對自己經辦的商品是否有絕對的自信？

你必須對自己的商品抱有絕對的信心，即使商品有些微的缺陷，也應充分認知其有足以彌補的長處。

顧客是因為信賴你（和經辦的商品）才購買你的商品，且想介紹朋友給你（和經辦的商品），如果連自己（和經辦的商品）都不能認定比別人優良，那還有誰敢介紹你（和經辦的商品）給其他朋友呢？

心得欄 ------------------------------

52

建立良好的顧客管理制度

 業 績 提 升 技 巧

良好的顧客管理制度，可以提升業績，是商店管理不可或缺的項目。

如何做好顧客的管理，是商店管理是不可或缺的項目。

譬如對郵寄廣告來說，即使已經將商品拍賣或折價的資訊發佈出去，但如果訴求的消費對象並不固定，那麼可能無法達到預期的理想效果。因為收件人對這些消息素不關心，更是全然不感興趣，則收到的廣告傳單自然也如廢紙一般，不能引起共鳴。

此外，由於郵寄廣告的方式日益氾濫，一般顧客的反應早已厭煩，所以不管收到印刷多麼精美的廣告單，往往也是不屑一顧。因此，若是業者執意採用郵寄廣告來推銷商品的方式，首先應該用心加以規劃，構想運用何種強而有力的攻勢，才能吸引顧客自動上門。

而顧客管理工作，就是最重要的步驟之一。所謂顧客管理，就是根據許多名單的背景資料，從中挑選出購買能力與之相合的消費者姓名、地址，然後定期提供商品的資訊，亦即在一段時期之內嘗試商品的促銷。一般說來，建立良好的顧客管理，應注意以下兩點。

1. 顧客名單的資料必須是活的。

2.應建立與企劃一致的選擇顧客的制度。

顧客名單的建立應該質重於量,不能僅是一些姓名與住址的記錄,而更需要將「何時購買」、「何種商品」、「何種價格」以及「顧客是誰」等資料加以收集、比對,找出那些消費者是最適宜的推銷對象,透過這些資料的整理,也能將顧客的類型予以區分,同時根據不同的顧客,提供不同的服務。

這種根據消費者的類型來做不同服務的方式,也許有人認為對顧客並不公平,然而種種情形顯示,若能充分針對每一階層的消費需求,做密切的配合和服務,往往才能確實地掌握到對於方的需求意識,進而與之產生共鳴,購買意識和行動也將更為積極。只要在顧客的心理上,逐漸建立一種「老地方」、「老店鋪」的形象,那麼就能抓住老主顧的信賴感,獲得固定性的支持。

有些業者常以生意興隆而洋洋自得,而在自負之餘,往往忽視了與顧客之間的友好關係,以為這是一件無關緊要的事。其實,若就生意的長期眼光來看,「顧客至上」才是永遠不爭的事實,因此對於前來光顧的顧客,應該以誠相待,並對顧客的階層、職業、年齡、性別等外在因素,加以注意。

有些顧客因為經常上門,日積月累之下,極易建立起老闆與顧客的情誼,有時還會引發許多人情味的啟示。然而,如果某位原本熟悉的老主顧突然不再光顧,甚至長達一年以上,那麼很可能這位常客已經默默地離你而去,也就是說已與你「斷絕關係」了。當然這種關係的斷絕,仍有複合的可能,以下列舉幾種常見的情況說明之。

1.顧客的嗜好有所改變,或是購買不到喜愛的商品,因而轉到別的商店。

2.老闆對於顧客的服務態度不佳,以致顧客憤憤離去,永遠不再

上門。

3.店鋪的商品不具吸引力，無法引起消費者的購買欲。

4.顧客的住址變更，而與店鋪老闆的關係告一段落。

雖然理由不一，但是每家店鋪的顧客，難免會有新、舊的面孔出現，只要業者能夠本著服務的熱忱，就不難建立與舊雨新知的主客關係。大抵而言，每年總有一至二成的老主顧會與固定店鋪「斷絕關係」，不過也有為數相當的新顧客上門購物，同時越是服務週到、價格大眾化的店鋪越能吸引更多的顧客。

至於郵寄廣告的顧客名單，不但必須注重數量的增加，同時也要以質取勝，也就是要積極找出購買意識較高、階層更為適宜的推銷對象。

有些顧客不願光顧的原因，很可能是因為業者的促銷策略失當，以致不能掌握消費者的需要，亦即促銷方式本身可能已有瑕疵，急需加以改進。因此，業者對於顧客突然大量消失、銷售業績每況愈下的情況，仍然必須小心注意。

日本一家「Seven-Eleven」分店，長年以來都會定期針對某些顧客做訪問式的調查。結果發現，該店於十年之前的消費者年齡，平均都在二十幾歲左右，然而在十年後的今天，顧客的年齡階層仍然保持不變，換句話說，該店開業十多年間，素以年輕人為主要對象。

從上面的調查資料中，我們可以看到一個非常有趣的現象，由於該店的消費對象始終維持在二十歲左右，而在十年之後，那些三十幾歲的青年早已與店鋪脫離關係，取而代之的仍以年輕人為主。

53

服務一定要真誠

業 績 提 升 技 巧

滿腔熱情的服務往往使人心動，使不想買東西的顧客
會買你的商品；使買過你的商品的顧客，產生下次還要到
此處來買的心理。

1. 對顧客富有人情味

服務性店鋪直接向顧客提供的是服務或者勞務。服務性店鋪每天
都接待許多顧客，或者送上飯菜，親自招待住宿……等等。那麼，這
些店鋪應當怎樣為顧客服務？顯然，應當待顧客如同親友，客氣、殷
勤、細心、週到，一言以蔽之，就是要富有人情味，只有如此，才能
使顧客感到溫暖，產生好感，留下深刻的印象。也惟有如此，服務性
店鋪才能贏得顧客的讚譽，強烈地吸引顧客前來光顧。

某店家非常注重「全員公關」，要求每一個員工都必須處理好和
顧客的關係，熱情為顧客服務，讓顧客來到這裏就像回到自己的家一
樣，因此，這家旅店受到了顧客的高度讚揚。

一次，三位女顧客深夜來到飛馬場面飯店投宿，當時已經客滿，
值班服務員馬上把會議室整理出來安排她們住下，並說明可以降低收
費標準。經理也親自來到客房，親切地問候；服務員又立即送上香巾，

泡上熱茶，請她們好好休息。她們住了幾天，臨走時，服務員幫助提行李送到門口，表現出戀戀不捨之情。她們很受感動，一齊說道：「我們下次來，一定再住你們的飯店！」

　　這家旅店的設備屬於中級，收費不高，但服務水準卻達到了上乘，因而，「回頭客」佔很大的比重，而這些老顧客，當然也介紹了許多新顧客。

2.不怕麻煩，有求必應

　　聰明的店鋪或商場能夠為顧客或用戶樹立一個全心全意為他人服務的形象，使人認為店鋪或商場考慮的都是用戶的需要、用戶的利益，甚至不顧自己的利益受到損害，也要滿足用戶的需要，為用戶提供方便。這頗有點「群子風度」，表現出該店鋪或商場的職業道德品質高尚，滿腔熱情地為用戶服務。也正由於此，這些聰明的店鋪或商場才與廣大用戶建立起密切融洽的相互關係，受到了用戶們的高度讚揚，老用戶沒有一個斷交的，又結交了許多新用戶。既然得到越來越多的用戶的肯定和支援，那麼這些店鋪或商場當然會日益繁榮興旺。

3.開展個性服務、專場服務、靈活服務

　　有家綢緞商行，並沒有座落在繁華的街道，但卻對顧客有著很強的吸引力，每年接待海內外顧客 10 萬人次，甚至連許多個國家駐華使館官員及其家眷也成了這裏的常客。

　　那麼，這家商行何以能夠這樣吸引人？該商行王總經理說，他們商行靠的是開展個性服務、專場服務、靈活服務。

　　有一位香港女士，來到商行點名要買一件錦緞棉袍，以此領略一下 30 年代的風韻，雖然這種棉袍早已在市場絕跡，可是，商行還是馬上找師傅剪裁製做，一週後，就把棉袍送到了她手裏，令那位女士又驚又喜。

一位智利小姐在華結婚，來到商行要辦一套中式傳統嫁衣，包括女子大棉襖、中式褲、軟底綢面繡花鞋以及梅花報春的織錦緞被和大紅綢緞的鴨絨枕，商行及時為她辦好了所要的一切，把她打扮得真像一位中國傳統的新娘子，使她喜氣洋洋。

商行本是訂於晚上 7 點停止營業，有一天傍晚 6 點 55 分，四位義大利客人來到了該店，其中有一位是雄踞歌壇的歌唱家，四位義大利客人仔細觀看和挑選商品，服務員耐心地為他們介紹商品，一直忙到十點多，超過下班時間三個多小時，四位義大利客人感到過意不去，連連道謝，歌唱家激情難抑，最後在商場為十幾位服務員演唱了一曲《我的家園》，作為他對營業員們熱情服務的讚揚和報答。

商行確實是把顧客看作「上帝」了，千方百計吸引顧客光顧，克服困難滿足顧客的要求。該商行的「個性服務」，使得那些對於布料和服裝有著特殊要求的顧客，在這裏都能夠滿足自己的願望，因而凡有特殊要求者都會踴躍光顧該商行，衷心感激該商行。該商行的「專場服務」，使得某個方面的人士同時集聚該商行，他們在這裏可以欣賞和購買自己特別感興趣的各種商品，因而他們會對該商場倍感親切，即使在不是特為他們專場服務的時間裏也會欣然光顧。該商行「靈活服務」，比如在超過了下班時間的情況下，仍對專來光顧並將匆匆離開的顧客熱情服務，使得這些顧客能夠如願以償，他們更會對該商行萬分感激，高度讚譽。綢緞商行正是由於如此忠心熱情的為顧客服務，所以才能在廣大顧客中享有盛名，對他們產生了強大的吸引力。

4.百問不煩，百拿不厭

某商場，從總經理到服務員都有著很高尚的職業道德，很強烈的公關意識，服務員為顧客微笑服務，優質服務，做到了百問不煩，百拿不厭。

一天，有兩個顧客來買皮鞋，剛走近櫃檯，服務小姐就立即面帶微笑地打招呼：「先生，您好！你要買那一種皮鞋「兩位顧客要求服務小姐當參謀，幫助選購，服務小姐揣摩顧客的心理，拿出幾種新穎大方的皮鞋，熟練地一一介紹產物、價格和特點，顧客經過仔細觀察和相互比較，選中了其中一雙皮鞋，在拿出錢包付錢時，忽然發現帶的錢不夠，在為難之際，服務小姐笑著說：只要您滿意，就把鞋買去吧！缺多少錢我先墊上，我相信你。」兩位顧客很感動，連聲道謝，幾天後，他們送還欠款，還送上了一封熱情洋溢的感謝信，稱讚服務小姐是「對顧客最熱情的服務小姐」。

一位女顧客到此商場替丈夫買了一件短襯衣，當時她丈夫不在，買回家後請別人代試，一天到商場換了兩次、四天後她丈夫出差回來了，試穿不合身，她又到此商場來換。這時，她自己也有點不好意思，服裝組的兩位小姐態度仍然很和藹，又給她換了一件，並且微笑著告訴她：「如果不合適，請再來換。」這位女顧客滿懷感激之情，馬上在顧客留言簿上寫道：「我對這樣的服務態度太滿意、太感激了！」

商店的服務對像是廣大顧客，商店的「衣食父母」也是廣大顧客，因此，商店對於廣大顧客就應當熱情接待，要考慮到，顧客花錢買東西，總是要買到又便宜又合自己心意的東西，因此必會詢問有關情況，並且挑挑揀揀，所以商店員工應當理解顧客的心理，做到百問不煩，百拿不厭，這樣，才能讓顧客滿意而歸，並且讓他們願意再次上門來。

54

要服務先記住顧客姓名

業 績 提 升 技 巧

能夠牢記顧客的名字,顧客就會有親切感,顧客以後就不容易被其他商店所搶走。

　　一般的商店之所以能與大型百貨公司、超級市場對抗,其武器就是能夠牢記顧客的名字,而使之有親切感。百貨公司與超級市場有長處亦有短處。其最大的短處就是和顧客的親切感較薄。不錯,店員是很有禮貌的對顧客說:「請坐、歡迎光臨、謝謝。」等的話語;但這些話是對任何顧客以一樣的口氣反覆使用的銷售用語,沒有親切感。這種百貨公司、超級市場的短處,正是零售店的長處。所以加以利用可當武器,多多發揮其第一步,盡可能的早一天記住顧客的姓名。

　　販魚店、疏菜店、食品店、化妝品、藥房等的商店,最靠近大眾的日常消費,且顧客頻繁的購物,所以更要記住顧客姓名。顧客對於他經常買東西的店,都持有一種感情,認為自己是常光顧這商店,如果這商店把他當做一般過路的顧客對待,沒有表現出一點親切感,那他會完全失望的到別家店去。

　　雖然,要記住顧客的姓名,並非容易且必須要努力。縱使來過好幾次的客人,我們也不能冒昧的請問其姓名。某家服飾店的構想是如

此做，這店每年的春夏秋冬都準備幸運卡，讓顧客抽籤對獎。對於數度光臨的顧客，請他在卡上寫下姓名住址，很自然地便將其姓名記錄下來。這是把握顧客的一種有效方法。

要牢記顧客姓名，使他有親切感的另一方式，就是針對以市場的領導者為方法。如某一主婦，交際廣泛，善解人意，屬於主婦的領導者，她對附近的主婦們說：「肉在某店買較好，便宜味美。」那麼必定會一傳十，十傳百了。前面所說的幹事、主婦領導者，就屬於購買領導者。

因此以商店而言，必須要在自己的商圈內，和有領導購買資格的主婦混熟。希望她變成自己商店的宣傳員，同時請她介紹其他的主婦們到店來購物，且趁機牢記姓名。

這們結交顧客，能加添親切感，顧客以後就不容易被其他商店所搶走。

心得欄

55

提高顧客滿意度

 業 績 提 升 技 巧

提高服務質量，贏得顧客的滿意與忠誠，才能提升商
店業績。

顧客滿意是指客戶通過對產品的可感知效果（或結果）與期望
值相比較後，所形成的感覺狀態。如果效果低於期望，顧客就會不滿
意；如果效果和期望相匹配，顧客就會滿意；如果效果超過期望，顧
客就會高度滿意或欣喜。決定顧客忠誠往往是一些日常小事，所以零
售業必須做大量耐心而細緻的工作，從小事做起，從身邊做起，贏得
顧客滿意與忠誠。

一個高度滿意的顧客所帶來的好處很多：

· 更忠誠。

· 購買更多的新產品和提高購買產品的等級。

· 成為傳播效果最好的廣告。

· 積極熱心的提供建議。

· 由於購買習慣化而降低交易成本。

因此，一個零售商的精明之舉是經常測試顧客的滿意度。如可
以通過電話向最近的顧客詢問他們的滿意度是多少。測試要求分為：

高度滿意、一般滿意、無意見、有些不滿意、極不滿意。零售業可能流失 80%極不滿意的顧客，40%有些不滿意的顧客，20%無意見的顧客和 10%一般滿意的顧客。但是，零售業只會流失 1%～2%高度滿意的顧客，所以，應努力超越顧客期望，而非僅僅滿足顧客。

　　有些零售業認為它們或以記錄顧客投訴的數字來衡量顧客滿意度，然而，95%的不滿意顧客不會投訴，他們僅僅是停止購買或者是埋怨並勸說更多的人不要購買。最好的辦法是方便顧客投訴，我們可以公開顧客投訴中心的地址、電話號碼（最好是免費號碼）、企業網址等顧客較方便的溝通方式。美國 3M 公司是最早採用 800 免費服務電話的企業之一，顧客很容易通過它來提出意見、建議要求和投訴，3M 公司聲稱它的產品和服務改進建議有超過 2/3 是來自顧客的意見。

　　在實際解決顧客投訴的過程中，光聽還不夠，還必須對投訴做出迅速增長和具體的反應，給有不滿的顧客一個滿意的答案。一項調查顯示：54%～70%的投訴顧客，如果投訴得到解決，他們還會再次同該企業做生意；如果顧客感到投訴得到很快解決，數字會上升到驚人的 95%；顧客投訴得到妥善解決後，他們就會樂意把滿意的處理結果告訴盡可能多的人。因為一個忠誠的顧客可使零售商增加收益，所以，零售業應認識到忽視顧客的不滿或同顧客爭吵，不但會產生失去顧客的風險，而且有可能降低零售業產品市場佔有率，使精心培育起來的品牌美譽度深受其害，影響企業形象。

1. 顧客滿意策略

　　零售業近年來引用顧客滿意策略，對於提高其經營服務質量，樹立良好的企業形象，發揮了積極的作用，顧客滿意的價值標準已成為眾多零售商的共識。

　　顧客滿意策略的主導思想是：企業的整個經營活動要以顧客滿

意度為方針，從顧客的角度、觀點來分析消費需求。在產品開發上，以顧客的要求為源頭；產品價格的制訂考慮顧客的接受能力；銷售點的建立以便利顧客為準則；售後服務要使顧客最大限度的滿意。通過滿足顧客需要來實現企業的經營目標。換句話說，顧客滿意不是企業拿著自己的產品或服務去詢問顧客「我準備為你提供怎樣的服務」或者是對於「我已經為你提供的這些服務」你是否滿意？真正含義的「顧客滿意」是指企業所提供的產品或服務的最終表現與顧客期望、要求的吻合程度如何，從而所產生的滿意程度。

零售業實施顧客滿意的根本目的，在於培養顧客對企業的信任感，提高顧客對企業整個生產經營活動的滿意度。

2. 顧客永遠是對的

「顧客永遠是對的」這一意識從邏輯上看很難成立，在生活中它也不一定符合客觀實際，然而，為了實現企業的目標，只要顧客的錯誤沒有構成對企業的重大損失，那麼企業要做到得理也讓人，將「對」讓給顧客。這是「顧客滿意」活動的重要表現。「顧客永遠是對的」這一意識包含三層意思：第一，顧客是商品的購買者，不是麻煩的製造者；第二，顧客最瞭解自己的需求、愛好，這恰恰是企業要搜集的資訊；第三，由於顧客的「天然一致性」，同一個顧客爭吵就是同所有的顧客爭吵，在「顧客是錯的」這一概念中，企業絕對不是勝者，因為你會失去顧客，那也就意味著失去市場、失去利潤。

3. 一切為了顧客

如果說顧客至上是企業經營的出發點，那麼一切為了顧客則是企業經營的落腳點。一切為了顧客要求企業一切要從顧客的角度考慮，想顧客所想，急顧客所急，顧客的需要就是企業的需要。因此要想一切為了顧客首先要知道顧客的需要是什麼。在現代社會，人們進

行消費不僅僅是為了滿足生理需要，而且還要享受生活的樂趣，滿足精神的需要。因此，顧客對商品的需要就不僅僅局限於實用功能，還要追求多方面的滿足。

4.以「待客之道」善待內部顧客

企業的顧客大致可分為兩種：一是外部顧客，一是內部顧客。外部顧客顧名思義即企業的目標顧客，企業的最終目標是使外部顧客滿意，獲取利潤。但大多數企業卻忽視了影響這一目標實現是最重要因素——內部顧客的滿意即來自內部企業員工的滿意。美國一家著名連鎖超市的總裁曾說過這樣一名話：在我們公司裏，沒有員工，只有成員。因為我們管的不是這些人，而他們的努力。在公司中，我們都是彼此的顧客。企業應給員工創造良好的舒適和輕鬆的工作環境，使員工感到：「我為顧客服務樂在其中。」為達到員工就是顧客的目標，對員工進行定期的培訓和採用適當的激勵措施是必要的，讓員工有與企業已成一體的感覺。高度的員工忠誠度與高度的顧客忠誠度同等重要，企業要想保留最佳的顧客，必須保留最佳的員工。

5.設法留住顧客

企業若注重顧客的長期回報，一定要做好對顧客的初次接待服務工作，提高回頭客的比率。最好的推銷員是那些從產品和服務中獲得滿意的顧客。

國外有研究顯示：一個滿意的顧客會引發 8 筆潛在買賣，其中至少有一筆可以成交；一個不滿意的顧客會影響 25 個人的購買意願。因而，保持顧客比吸引顧客更見成效。保持顧客的關鍵在於使其滿意。若一個顧客真的滿意，他會這樣做：更多地購買並且更長時間地對該公司的商品保持忠誠；購買公司推薦的其他商品，提高購買商品的等級；對他人說公司和產品的好話，較少注意競爭品牌的廣告，

並且對價格也不敏感；給公司提供有關商品和服務的好主意；由於交易慣例化，要比新顧客節省交易成本。所以顧客滿意策略要求千方百計留住顧客，並通過顧客的傳播，擴大顧客層面。

心得欄

臺灣的核心競爭力，就在這裏！

圖 書 出 版 目 錄

下列圖書是由憲業企管顧問(集團)公司所出版，以專業立場，為企業界提供最專業的各種經營管理類圖書。

1. 傳播書香社會，直接向本出版社購買，一律 9 折優惠，郵遞費用由本公司負擔。服務電話 (02) 27622241　(03) 9310960　　傳真 (03) 9310961

2. 付款方式：請將書款轉帳到我公司下列的銀行帳戶。

   ・銀行名稱：合作金庫銀行（敦南分行）帳號：**5034-717-347447**
   公司名稱：憲業企管顧問有限公司

   ・郵局劃撥號碼：**18410591**　郵局劃撥戶名：憲業企管顧問公司

3. 圖書出版資料隨時更新，請見網站　www.bookstore99.com

經營顧問叢書

13	營業管理高手（上）	一套	72	傳銷致富	360 元
14	營業管理高手（下）	500 元	73	領導人才培訓遊戲	360 元
16	中國企業大勝敗	360 元	76	如何打造企業贏利模式	360 元
18	聯想電腦風雲錄	360 元	78	財務經理手冊	360 元
19	中國企業大競爭	360 元	79	財務診斷技巧	360 元
21	搶灘中國	360 元	80	內部控制實務	360 元
25	王永慶的經營管理	360 元	81	行銷管理制度化	360 元
26	松下幸之助經營技巧	360 元	82	財務管理制度化	360 元
32	企業併購技巧	360 元	83	人事管理制度化	360 元
33	新產品上市行銷案例	360 元	84	總務管理制度化	360 元
46	營業部門管理手冊	360 元	85	生產管理制度化	360 元
47	營業部門推銷技巧	390 元	86	企劃管理制度化	360 元
52	堅持一定成功	360 元	91	汽車販賣技巧大公開	360 元
56	對準目標	360 元	97	企業收款管理	360 元
58	大客戶行銷戰略	360 元	100	幹部決定執行力	360 元
60	寶潔品牌操作手冊	360 元	106	提升領導力培訓遊戲	360 元

238	總經理如何熟悉財務控制	360 元
239	總經理如何靈活調動資金	360 元
240	有趣的生活經濟學	360 元
241	業務員經營轄區市場（增訂二版）	360 元
242	搜索引擎行銷	360 元
243	如何推動利潤中心制度（增訂二版）	360 元
244	經營智慧	360 元
245	企業危機應對實戰技巧	360 元
246	行銷總監工作指引	360 元
247	行銷總監實戰案例	360 元
248	企業戰略執行手冊	360 元
249	大客戶搖錢樹	360 元
250	企業經營計劃〈增訂二版〉	360 元
251	績效考核手冊	360 元
252	營業管理實務（增訂二版）	360 元
253	銷售部門績效考核量化指標	360 元
254	員工招聘操作手冊	360 元
255	總務部門重點工作（增訂二版）	360 元
256	有效溝通技巧	360 元
257	會議手冊	360 元
258	如何處理員工離職問題	360 元
259	提高工作效率	360 元
261	員工招聘性向測試方法	360 元
262	解決問題	360 元
263	微利時代制勝法寶	360 元
264	如何拿到 VC（風險投資）的錢	360 元
265	如何撰寫職位說明書	360 元
267	促銷管理實務〈增訂五版〉	360 元
268	顧客情報管理技巧	360 元
269	如何改善企業組織績效〈增訂二版〉	360 元
270	低調才是大智慧	360 元
272	主管必備的授權技巧	360 元
274	人力資源部流程規範化管理（增訂三版）	360 元
275	主管如何激勵部屬	360 元
276	輕鬆擁有幽默口才	360 元

277	各部門年度計劃工作（增訂二版）	360 元
278	面試主考官工作實務	360 元
279	總經理重點工作（增訂二版）	360 元
282	如何提高市場佔有率（增訂二版）	360 元
283	財務部流程規範化管理（增訂二版）	360 元
284	時間管理手冊	360 元
285	人事經理操作手冊（增訂二版）	360 元
286	贏得競爭優勢的模仿戰略	360 元
287	電話推銷培訓教材（增訂三版）	360 元
288	贏在細節管理（增訂二版）	360 元
289	企業識別系統 CIS（增訂二版）	360 元
290	部門主管手冊（增訂五版）	360 元
291	財務查帳技巧（增訂二版）	360 元
292	商業簡報技巧	360 元
293	業務員疑難雜症與對策（增訂二版）	360 元
294	內部控制規範手冊	360 元
295	哈佛領導力課程	360 元
296	如何診斷企業財務狀況	360 元

《商店叢書》

10	賣場管理	360 元
18	店員推銷技巧	360 元
29	店員工作規範	360 元
30	特許連鎖業經營技巧	360 元
35	商店標準操作流程	360 元
36	商店導購口才專業培訓	360 元
37	速食店操作手冊〈增訂二版〉	360 元
38	網路商店創業手冊〈增訂二版〉	360 元
40	商店診斷實務	360 元
41	店鋪商品管理手冊	360 元
42	店員操作手冊（增訂三版）	360 元
43	如何撰寫連鎖業營運手冊〈增訂二版〉	360 元

44	店長如何提升業績〈增訂二版〉	360 元
45	向肯德基學習連鎖經營〈增訂二版〉	360 元
46	連鎖店督導師手冊	360 元
47	賣場如何經營會員制俱樂部	360 元
48	賣場銷量神奇交叉分析	360 元
49	商場促銷法寶	360 元
50	連鎖店操作手冊（增訂四版）	360 元
51	開店創業手冊〈增訂三版〉	360 元
52	店長操作手冊（增訂五版）	360 元
53	餐飲業工作規範	360 元
54	有效的店員銷售技巧	360 元
55	如何開創連鎖體系〈增訂三版〉	360 元
56	開一家穩賺不賠的網路商店	360 元
57	連鎖業開店複製流程	360 元
58	商鋪業績提升技巧	360 元

《工廠叢書》

5	品質管理標準流程	380 元
9	ISO 9000 管理實戰案例	380 元
10	生產管理制度化	360 元
11	ISO 認證必備手冊	380 元
12	生產設備管理	380 元
13	品管員操作手冊	380 元
15	工廠設備維護手冊	380 元
16	品管圈活動指南	380 元
17	品管圈推動實務	380 元
20	如何推動提案制度	380 元
24	六西格瑪管理手冊	380 元
30	生產績效診斷與評估	380 元
32	如何藉助 IE 提升業績	380 元
35	目視管理案例大全	380 元
38	目視管理操作技巧(增訂二版)	380 元
46	降低生產成本	380 元
47	物流配送績效管理	380 元
49	6S 管理必備手冊	380 元
51	透視流程改善技巧	380 元
55	企業標準化的創建與推動	380 元
56	精細化生產管理	380 元

57	品質管制手法〈增訂二版〉	380 元
58	如何改善生產績效〈增訂二版〉	380 元
63	生產主管操作手冊(增訂四版)	380 元
65	如何推動 5S 管理（增訂四版）	380 元
67	生產訂單管理步驟〈增訂二版〉	380 元
68	打造一流的生產作業廠區	380 元
70	如何控制不良品〈增訂二版〉	380 元
71	全面消除生產浪費	380 元
72	現場工程改善應用手冊	380 元
75	生產計劃的規劃與執行	380 元
77	確保新產品開發成功（增訂四版）	380 元
78	商品管理流程控制(增訂三版)	380 元
79	6S 管理運作技巧	380 元
80	工廠管理標準作業流程〈增訂二版〉	380 元
81	部門績效考核的量化管理（增訂五版）	380 元
82	採購管理實務〈增訂五版〉	380 元
83	品管部經理操作規範〈增訂二版〉	380 元
84	供應商管理手冊	380 元
85	採購管理工作細則〈增訂二版〉	380 元
86	如何管理倉庫（增訂七版）	380 元
87	物料管理控制實務〈增訂二版〉	380 元
88	豐田現場管理技巧	380 元
89	生產現場管理實戰案例〈增訂三版〉	380 元

《醫學保健叢書》

1	9 週加強免疫能力	320 元
3	如何克服失眠	320 元
4	美麗肌膚有妙方	320 元
5	減肥瘦身一定成功	360 元
6	輕鬆懷孕手冊	360 元
7	育兒保健手冊	360 元
8	輕鬆坐月子	360 元
11	排毒養生方法	360 元
12	淨化血液　強化血管	360 元

13	排除體內毒素	360 元
14	排除便秘困擾	360 元
15	維生素保健全書	360 元
16	腎臟病患者的治療與保健	360 元
17	肝病患者的治療與保健	360 元
18	糖尿病患者的治療與保健	360 元
19	高血壓患者的治療與保健	360 元
22	給老爸老媽的保健全書	360 元
23	如何降低高血壓	360 元
24	如何治療糖尿病	360 元
25	如何降低膽固醇	360 元
26	人體器官使用說明書	360 元
27	這樣喝水最健康	360 元
28	輕鬆排毒方法	360 元
29	中醫養生手冊	360 元
30	孕婦手冊	360 元
31	育兒手冊	360 元
32	幾千年的中醫養生方法	360 元
34	糖尿病治療全書	360 元
35	活到 120 歲的飲食方法	360 元
36	7 天克服便秘	360 元
37	為長壽做準備	360 元
39	拒絕三高有方法	360 元
40	一定要懷孕	360 元
41	提高免疫力可抵抗癌症	360 元
42	生男生女有技巧〈增訂三版〉	360 元

《培訓叢書》

11	培訓師的現場培訓技巧	360 元
12	培訓師的演講技巧	360 元
14	解決問題能力的培訓技巧	360 元
15	戶外培訓活動實施技巧	360 元
16	提升團隊精神的培訓遊戲	360 元
17	針對部門主管的培訓遊戲	360 元
18	培訓師手冊	360 元
20	銷售部門培訓遊戲	360 元
21	培訓部門經理操作手冊（增訂三版）	360 元
22	企業培訓活動的破冰遊戲	360 元
23	培訓部門流程規範化管理	360 元
24	領導技巧培訓遊戲	360 元

25	企業培訓遊戲大全(增訂三版)	360 元
26	提升服務品質培訓遊戲	360 元
27	執行能力培訓遊戲	360 元
28	企業如何培訓內部講師	360 元

《傳銷叢書》

4	傳銷致富	360 元
5	傳銷培訓課程	360 元
7	快速建立傳銷團隊	360 元
10	頂尖傳銷術	360 元
11	傳銷話術的奧妙	360 元
12	現在輪到你成功	350 元
13	鑽石傳銷商培訓手冊	350 元
14	傳銷皇帝的激勵技巧	360 元
15	傳銷皇帝的溝通技巧	360 元
17	傳銷領袖	360 元
18	傳銷成功技巧（增訂四版）	360 元
19	傳銷分享會運作範例	360 元

《幼兒培育叢書》

1	如何培育傑出子女	360 元
2	培育財富子女	360 元
3	如何激發孩子的學習潛能	360 元
4	鼓勵孩子	360 元
5	別溺愛孩子	360 元
6	孩子考第一名	360 元
7	父母要如何與孩子溝通	360 元
8	父母要如何培養孩子的好習慣	360 元
9	父母要如何激發孩子學習潛能	360 元
10	如何讓孩子變得堅強自信	360 元

《成功叢書》

1	猶太富翁經商智慧	360 元
2	致富鑽石法則	360 元
3	發現財富密碼	360 元

《企業傳記叢書》

1	零售巨人沃爾瑪	360 元
2	大型企業失敗啟示錄	360 元
3	企業併購始祖洛克菲勒	360 元
4	透視戴爾經營技巧	360 元
5	亞馬遜網路書店傳奇	360 元
6	動物智慧的企業競爭啟示	320 元
7	CEO 拯救企業	360 元

8	世界首富　宜家王國	360 元
9	航空巨人波音傳奇	360 元
10	傳媒併購大亨	360 元

《智慧叢書》

1	禪的智慧	360 元
2	生活禪	360 元
3	易經的智慧	360 元
4	禪的管理大智慧	360 元
5	改變命運的人生智慧	360 元
6	如何吸取中庸智慧	360 元
7	如何吸取老子智慧	360 元
8	如何吸取易經智慧	360 元
9	經濟大崩潰	360 元
10	有趣的生活經濟學	360 元
11	低調才是大智慧	360 元

《DIY叢書》

1	居家節約竅門 DIY	360 元
2	愛護汽車 DIY	360 元
3	現代居家風水 DIY	360 元
4	居家收納整理 DIY	360 元
5	廚房竅門 DIY	360 元
6	家庭裝修 DIY	360 元
7	省油大作戰	360 元

《財務管理叢書》

1	如何編制部門年度預算	360 元
2	財務查帳技巧	360 元
3	財務經理手冊	360 元
4	財務診斷技巧	360 元
5	內部控制實務	360 元
6	財務管理制度化	360 元
8	財務部流程規範化管理	360 元
9	如何推動利潤中心制度	360 元

為方便讀者選購，本公司將一部分上述圖書又加以專門分類如下：

《企業制度叢書》

1	行銷管理制度化	360 元
2	財務管理制度化	360 元
3	人事管理制度化	360 元
4	總務管理制度化	360 元
5	生產管理制度化	360 元

6	企劃管理制度化	360 元

《主管叢書》

1	部門主管手冊（增訂五版）	360 元
2	總經理行動手冊	360 元
4	生產主管操作手冊	380 元
5	店長操作手冊（增訂五版）	360 元
6	財務經理手冊	360 元
7	人事經理操作手冊	360 元
8	行銷總監工作指引	360 元
9	行銷總監實戰案例	360 元

《總經理叢書》

1	總經理如何經營公司(增訂二版)	360 元
2	總經理如何管理公司	360 元
3	總經理如何領導成功團隊	360 元
4	總經理如何熟悉財務控制	360 元
5	總經理如何靈活調動資金	360 元

《人事管理叢書》

1	人事經理操作手冊	360 元
2	員工招聘操作手冊	360 元
3	員工招聘性向測試方法	360 元
4	職位分析與工作設計	360 元
5	總務部門重點工作	360 元
6	如何識別人才	360 元
7	如何處理員工離職問題	360 元
8	人力資源部流程規範化管理（增訂三版）	360 元
9	面試主考官工作實務	360 元
10	主管如何激勵部屬	360 元
11	主管必備的授權技巧	360 元
12	部門主管手冊（增訂五版）	360 元

《理財叢書》

1	巴菲特股票投資忠告	360 元
2	受益一生的投資理財	360 元
3	終身理財計劃	360 元
4	如何投資黃金	360 元
5	巴菲特投資必贏技巧	360 元
6	投資基金賺錢方法	360 元
7	索羅斯的基金投資必贏忠告	360 元
8	巴菲特為何投資比亞迪	360 元

《網路行銷叢書》

1	網路商店創業手冊〈增訂二版〉	360 元
2	網路商店管理手冊	360 元
3	網路行銷技巧	360 元
4	商業網站成功密碼	360 元
5	電子郵件成功技巧	360 元
6	搜索引擎行銷	360 元

《企業計劃叢書》

1	企業經營計劃〈增訂二版〉	360 元
2	各部門年度計劃工作	360 元
3	各部門編制預算工作	360 元
4	經營分析	360 元
5	企業戰略執行手冊	360 元

《經濟叢書》

1	經濟大崩潰	360 元
2	石油戰爭揭秘(即將出版)	

在大陸的⋯⋯⋯⋯
台灣上班族

愈來愈多的台灣上班族，到大陸工作(或出差)，對工作的努力與敬業，是台灣上班族的核心競爭力；一個明顯的例子，返台休假期間，台灣上班族都會抽空再買書，設法充實自身專業能力。

[憲業企管顧問公司]以專業立場，為企業界提供最專業的各種經營管理類圖書。

85%的台灣上班族都曾經有過購買(或閱讀)[憲業企管顧問公司]所出版的各種企管圖書。

建議你：工作之餘要多看書，加強競爭力。

建立企業圖書館

當市場競爭激烈時：

培訓員工，強化員工競爭力
是企業最佳對策

「人才」是企業最大的財富。如何提升人才，是企業永續經營、戰勝對手的核心競爭力。積極培訓公司內部員工，是經濟不景氣時期的最佳戰略，而最快速的具體作法，就是「建立企業內部圖書館，鼓勵員工多閱讀、多進修專業書籍」

建議您：請一次購足本公司所出版各種經營管理類圖書，作為貴公司內部員工培訓圖書。使用率高的（例如「贏在細節管理」），準備 3 本；使用率低的（例如「工廠設備維護手冊」），只買 1 本。

商店叢書 ⑤⑧　　　　　　售價：360 元

商鋪業績提升技巧

西元二〇一四年二月　　　　　　初版一刷

編著：江應龍　黃憲仁　李平貴

策劃：麥可國際出版有限公司（新加坡）

編輯：蕭玲

校對：劉飛娟

發行人：黃憲仁

發行所：憲業企管顧問有限公司

電話：（02）2762-2241　　（03）9310960　　0930872873

電子郵件聯絡信箱：huang2838@yahoo.com.tw

銀行 ATM 轉帳：合作金庫銀行　　帳號：5034-717-347447

郵政劃撥：18410591　　憲業企管顧問有限公司

江祖平律師顧問：紙品書、數位書著作權與版權均歸本公司所有

登記證：行政業新聞局版台業字第 6380 號

本公司徵求海外版權出版代理商（0930872873）

本圖書是由憲業企管顧問（集團）公司所出版，以專業立場，為企業界提供最專業的各種經營管理類圖書。

圖書編號 ISBN：978-986-6084-88-1